视频图文版

毛竹

定向培育技术

MAOZHU DINGXIANG PEIYU JISHU

SHIPIN TUWENBAN

金爱武 等 著

中国农业出版社

北 京

《视频图文版毛竹定向培育技术》

著　者：金爱武　朱强根　谢锦忠

　　　　傅秋华　高培军　吴　鸿

　　　　王意锟　邓金发

视频拍摄制作：李伟鹏　李　鹏

审　阅：傅懋毅　方　伟

序

中国是一个竹子大国，全世界有竹子1 200多种，中国有500多种，其中毛竹是我国分布最广、蓄积量最大、用途最为广泛的重要经济竹种，面积约占全国竹林资源的50%。毛竹主要分布在丘陵山区，是南方竹区农民重要的经济来源。经过我国科技工作者半个世纪来的不懈努力，在毛竹分类经营与定向培育、笋材加工利用、竹材化学利用、竹林环境与景观利用等方面取得了丰硕的科技成果，并进行了广泛的推广应用，为竹产业成为我国林业产业的重要组成部分做出了重要贡献。

《视频图文版毛竹定向培育技术》一书，用通俗的语言、规范的技术，以文字、插图和视频融合方式讲述毛竹的生物学生态学特性、毛竹林分类经营原则、毛竹低效低产林定向改造、毛竹材用林和笋用林定向高效培育等方面的内容。特别描述了毛竹的生长模式：竹林通过鞭根相连相互配合，资源共享；提出了培育竹子的判断指标：环境因素为基础，再看竹林和测土；综合要素禀赋与市场需求，选择定向培育；提供了竹子生长的量化措施：规范调控立竹、竹鞭和水肥，优化笋竹定向产出。本书运用"互联网+"的理念，不仅配有大量的彩色图片对文字加以补充说明，同时还可用微信扫码看视频，使内容更加直观，关键技术更加通俗易懂。

该书作者金爱武同志是个竹子学术大家，他的竹子研究成就获得过"梁希林业科学技术一等奖"。特别令人高兴的是他紧紧围绕提高竹

子的生态作用、提高竹子的民生价值研究竹子，用对竹林研究的实践经验和竹农的语言讲述竹子的科学技术，深受竹农欢迎和爱戴，是江南很有名气的"农民教授"，接地气的竹子科学家，长期从事毛竹林培育技术的研究与产业化推广工作，他研究和集成创新的技术方案，在浙江、福建、江西、湖南、安徽等省得到广泛推广应用，为我国毛竹林定向高效培育与可持续发展做出了重要贡献。

我和爱武教授第一次见面是在2012年，在人民大会堂召开全国林业科学技术大会，爱武教授作为优秀科技工作者代表发言，他发言中那股勇于攀登科学高峰的激情，为广大竹农谋福祉的深厚感情，建设生态文明勇于担当的豪情，使我对爱武教授的敬佩之意油然而生。

今天，爱武和他的团队又把《视频图文版毛竹定向培育技术》一书奉献给大家，我相信，本书的出版会将竹子的新理论、新技术、新方法带到广大竹乡，走进千家万户，为提高毛竹的生态功能，为推进竹产区的全面小康，为美丽中国建设做出新的贡献！

中国共产党第十八届中央委员会委员

原国家林业局局长　赵树丛

中国林学会理事长

2018年10月

前　言

　　我和我的研究团队于2000年前后开始，在浙江的安吉、遂昌，福建的永安、沙县等地，开展毛竹定向培育的成果转化和技术示范，推广高效、生态、适用的竹林经营管理技术，在各地取得了良好的经济效益和社会效益。"从生产中来，快速解决实际难题，到生产中去"，成为我们开展成果转化的一个基本做法。回顾近20年的成果转化和推广工作，有经验，有成就，也有很多体会。

　　竹林：分类经营和定向培育。经常能听到地方干部和基层专业技术人员讲这样一句话："笋价格好就多挖笋，笋价格不好可以留笋成竹。"我认为，这种认识和观点有失偏颇。从各地开展毛竹产业化经营实践来看，由于竹林经营生产模式的单一，"笋贱伤农""增产不增收"等现象时有发生。还有一种思路，即"成功的技术具有普遍意义""甲地"盲目照搬"乙地"的做法，比如，毛竹大径竹材培育、覆盖春笋冬出等技术，在局部区域产品收益很好，但受到市场的时间和空间的局限，使得好技术"丰产不丰收"。

　　毛竹林生产经营活动，是一项根据资源优势和天然禀赋，实施分类经营管理的生产实践。因此，生产上要依照竹林的主导功能和经营目标，对毛竹进行区划分类。该粗放的就粗放管理，该集约的就集约化栽培，该精细管理的就要当田耕。从毛竹笋竹产品的供给侧结构性调整来看，要按照主导产品，特别是目标市场对笋竹的功能定位，进行竹笋、竹材的定向培育。通过分类经营和定向培育，发挥毛竹产业

化经营的综合比较优势，提升产品价值，提高竹林经营管理效益。

技术：能让农民朋友挣钱的技术就是最好的技术。在开展技术推广的实践中，有农技人员和农民朋友问我："金教授推广技术这么多年，现在最好的技术是什么？"对，我自己也问自己，最好的竹林培育技术是什么？我认为，从生产中来，能让老百姓挣钱的技术，就是最好的技术。如，对于毛竹低产林改造而言，这是几十年的老问题。当前根据劳动力成本持续提升等实际，制定的"定向改造、投工省力、措施生态、效果短期可见"的新方法，对仍存在大量毛竹低产林的竹区来说，就是最好的技术。

当前，市场需求和资源要素状况已发生了很大的改变，同时，随着对毛竹生物学生态学特性认识的深化，如毛竹林是通过无性繁衍形成的克隆群体，它们彼此鞭竹相连，具有分工特化、相互配合、资源共享等特性。竹林培育技术在实践中不断发展创新。在培育措施上，比如，由大量投工投劳的分散经营，向集约化省工省力规模化栽培转变，由经验定性的管理向量化精准的管理转变。在实施技术的条件上，竹林道有效降低了生产性成本，林地灌溉设施条件解决了冬鞭笋定向培育面临的季节性干旱风险，改变了"靠天吃饭"的困境。因此，各地在毛竹林培育具体技术的选择上，不应盲目追求所谓的最新最好技术，更应针对技术本身和技术实施的条件进行选择。了解农民有什么、需要什么、困难是什么，然后应用现代科学技术，结合地方乡土经验，确定推荐给农民的技术，快速解决生产实际难题。

推广：让农民来参与，让农民来评估。农民需要技术，农村需要技术，但技术并没有快速地在农村传播。如，某地在毛竹低产林改造的护笋养竹上，出台政策规定：为改变"竹山有主，挖冬笋无主"的现象，统一规定竹笋采挖时间，并要求亩新增竹达到45株以上，差一株罚款5元。实践结果是，该地的竹林培育总是处于较低水平，竹农的积极性并没有明显提高。技术能够解决一切发展问题吗？推广员→革新成果→农民，技术干部决定推广的"技术"是有效的吗？在农村的工作实践中，我深刻地体会到：事实上，长期的生产生活实践，农民积累了一整套行之有效利用资源的技术和方法，只有充分发挥群众的经验和乡土知识的长处，并与现代科学技术有机结合，符合农民的认知，新技术才会很快被农民所接受。更具体地说，可以怀疑农民的文化程度，但不能怀疑他们对现状和自身的了解，他们是自我思维与行为的主体和决策者。因此，要加快技术的推广应用，还要向农民学习，要让农民来评估技术，让农民参与技术发展，使技术具有生产实践的普遍性。

在多年的推广实践中，我们坚持让农民来参与分析经营现状，确定经营目标，以用于技术方案的制定。在技术的设计上，既要体现技术的先进性，又要与农户原有的认知、过去的经验和当前的需求相吻合，才能容易被农户较快地学习掌握，包括改进语言表达形式等；设定的技术实施效果（过程中或实施结果）可以被农民或他人所预见和实现；技术实施上要相对简便，具有可操作性。如传统经验施肥是"七月金八月银"，新技术改为幼叶期施肥，即"四月金五月银"；又如竹材采伐时间的"砍杨梅红"，既通俗又精准表达了不同地区均适用的竹材采伐期。当前随着竹产品市场多样化的需求，实施毛竹高效定向培育，更可以让农民朋友节本增收。因此，技术上要精准管理，如测土施肥、节水灌溉、立竹结构调整、有效鞭段培育和竹笋采收等关键环节，要明确量化指标，让农民应用技术时"心中有数"。

本书就是在上述思考的基础上编著而成的。编写时尽量做到科学理论的严谨性与技术普及的通俗性相结合，区域经营原则指导和具体

经营管理个性措施相结合，生产共性技术和定向培育管理要点相结合，以满足竹林经营管理者和政策制定者的需求。全书还通过文字、图片、量化图表和视频等多种形式，对相关理论、技术、概念辅以知识拓展模块和实证举例。希望能让农民朋友一听就懂、一看就会，帮助农民朋友经营竹林致富。

　　本书在编著过程中参考了大量的文献资料，未在书中一一列出，谨向作者致以衷心感谢和敬意。

　　由于编排考虑因素较多，书中不足之处在所难免，敬请读者提出宝贵意见。

金爱武
2018年10月

目 录

序

前言

第一章　毛竹生物学生态学特性 ················· 1

一、毛竹林：鞭－竹相连的"竹树" ················· 1

二、从笋到幼竹：世界上生长速度最快的植物之一 ················· 6

三、毛竹会逐年变得更高大吗？ ················· 9

四、毛竹大小年和叶色"三黄二黑"变化 ················· 10

五、为什么说毛竹林"有没有笋看水"？ ················· 15

六、毛竹鞭根生长的"觅食行为" ················· 17

七、毛竹林中怎样的地下鞭长笋更多？ ················· 21

八、大竹长大笋、母壮子亦壮 ················· 26

九、竹子在林地分布是否均匀？ ················· 28

第二章　毛竹林高效定向培育原则 ················· 33

一、决策先行：竹林分类经营、产品定向培育 ················· 33

二、如何发掘毛竹林自我生产能力 ················· 37

三、综合应用社会经济技术手段推进竹林生产经营 ················· 39

第三章　毛竹林定向培育共性管理技术 ················· 44

一、毛竹林林分结构管理 ················· 44

二、毛竹林测土推荐施肥 ················· 46

三、毛竹林竹笋采收 ················· 50

四、毛竹林竹材采伐 ················· 53

五、毛竹林竹笋质量安全生产 ·················· 54

六、毛竹林高效定向培育生产应用案例 ·········· 54

第四章　毛竹低效林定向改造技术 ············· 58

一、毛竹低效林的成因与经营对策 ·············· 58

二、毛竹低产低效林改造的主要技术环节 ········ 60

三、毛竹低产林改造的林地管理技术 ············ 63

四、毛竹低产林改造的施肥技术 ················ 66

五、毛竹低产林改造的笋竹留养和采伐技术 ······ 69

六、毛竹纯林化经营和混交化经营 ·············· 71

七、毛竹大小年竹林经营和花年竹林经营 ········ 73

第五章　毛竹材用林定向培育技术 ············· 76

一、毛竹定向培育经营型与材用林经营 ·········· 76

二、毛竹材用林的胸径和密度控制 ·············· 77

三、毛竹材用林立地类型划分与生产力等级区的划分 ······ 83

四、毛竹材用林的劈山垦覆和施肥管理 ·········· 86

五、毛竹材用林的竹林结构管理 ················ 87

六、毛竹大径竹材定向培育技术 ················ 90

第六章　毛竹笋用林定向培育技术 ············· 94

一、毛竹笋用林定向培育的技术环节 ············ 94

二、毛竹笋用林培育基地选择 ·················· 96

三、毛竹笋用林立竹结构管理技术 ·············· 98

四、毛竹笋用林地下鞭管理技术 ················ 102

五、毛竹笋用林施肥技术 ······················ 106

六、毛竹笋用林水分管理技术 ·················· 110

七、毛竹林冬笋采收技术 ······················ 113

八、毛竹林鞭笋采收技术 ······················ 114

视频目录

视频1-1　毛竹林分特征与克隆整合 …………………………… 1

视频1-2　毛竹林笋—幼竹生长规律 ………………………… 6

视频1-3　毛竹换叶周期与叶色变化节律 …………………… 10

视频1-4　毛竹林叶色变化节律与生产季安排 ……………… 12

视频1-5　毛竹林的吐水现象 ………………………………… 16

视频2-1　竹林分类经营与多目标利用 ……………………… 34

视频3-1　毛竹林测土推荐施肥技术 ………………………… 46

视频3-2　毛竹林春笋采收技术 ……………………………… 51

视频3-3　浙西南毛竹林测土推荐施肥实证 ………………… 55

视频4-1　毛竹低产林的林地管理技术 ……………………… 63

视频4-2　毛竹低产林护笋养竹技术 ………………………… 69

视频5-1　毛竹功能性竹材定向培育技术 …………………… 90

视频6-1　毛竹笋用林施肥时间和肥料组成 ………………… 106

视频6-2　毛竹笋用林施肥方法 ……………………………… 108

视频6-3　毛竹笋用林水分管理技术 ………………………… 110

视频6-4　毛竹林冬笋采收技术 ……………………………… 113

视频6-5　毛竹林鞭笋采收技术 ……………………………… 115

第一章
毛竹生物学生态学特性

一、毛竹林：鞭-竹相连的"竹树"

毛竹（*Phyllostachys heterocycla* (Carr.) Mitford cv. Pubescens）为禾本科竹亚科刚竹属植物。从毛竹的林分特点来看，地上部分呈散生状，有高大乔木状的竹秆，秆粗一般在 8 ~ 15 厘米，竹秆的高度可以超过 20 米。毛竹林的地下部分是横走的茎，地下茎单轴散生，又称为地下鞭或竹鞭。地下鞭有根（鞭根）和芽（鞭芽）。地下鞭上的芽膨大萌发形成竹笋或新的竹鞭，竹笋继续发育生长为幼竹，幼竹长为成竹。毛竹林就是一个鞭生笋、笋长竹、竹又长鞭，鞭竹相连的有机整体（图 1-1）。

视频 1-1 毛竹林分特征与克隆整合

图1-1　毛竹林的鞭—竹系统

　　俗语说"一个萝卜一个坑"，也就是大多数植物的个体间是相互独立的。而毛竹通过地下鞭的侧芽萌发成笋、笋出土成竹的无性繁殖方式（即克隆生长）繁衍。虽然毛竹地上部分的竹秆是独立的，但却通过地下鞭相连而成为一个有机整体，因而被称为克隆植物。

知识拓展

　　克隆植物：在多种植物无性繁殖方式中，有一种是伴随着营养生长自然发生的。例如，根或横生茎某些部位能产生不定枝或枝叶和不定根。一定时间后，根、横生茎断裂或失去功能从而形成多个遗传结构一致的独立新个体。这种在自然条件下有无性繁殖相伴的营养生长过程称为克隆生长，具有这一生物学过程的植物称为克隆植物。

　　毛竹作为大型克隆植物的一个重要生态学特征是克隆整合，如，在鞭—竹相连的毛竹林里，营养物质等可以在相离很远的不同笋竹之间相互传输利用。即养分、水分及各种次生代谢物质可以通过相连的地下鞭，在不同竹子（分株）之间传输，实现对生境中的资源在水平空间上的再分配。

可以看到，当毛竹的地下鞭伸入到茶园中，尽管茶园的地上空间已经完全被茶树占据覆盖，土壤中也是茶树根系密布，但仍有一些竹笋从茶丛中长出并最终发育为成竹。这就是通过地下鞭克隆整合的营养输送，使得地下鞭梢延伸生长入侵到茶园，同时地下鞭芽萌发不受所在地块的植物密度制约而发笋成竹。同样，在乱石堆里长出的笋、竹也是地下鞭克隆整合的结果（图1-2）。

图1-2　毛竹林克隆整合传输营养促进笋竹在茶园等困难立地的生长

研究发现，毛竹地下鞭的这种克隆整合现象，对养分运输而言是极性的，即沿着一个方向（去鞭方向或竹鞭生长方向）整合传输。在一个鞭段上生长的竹笋，当这个鞭段的来鞭一端被切断，形成断鞭时，竹笋（这类竹笋又称无娘笋）就会失去营养来源而衰败，形成退笋退竹（图1-3）。在对林地采取各项经营措施时，如挖笋、垦覆等，一般会强调挖笋不伤鞭，就是断鞭会使去鞭一端的鞭芽或竹笋失去营养供给而生长不良甚至死亡。

图1-3　毛竹地下鞭裂断使去鞭一端的竹笋衰退死亡

知识拓展

　　克隆整合：相连分株间存在的物质（光合产物、水分和养分等）传输和共享。

※

　　一片毛竹林作为克隆性群体，生产经营活动就不是针对竹林中某一单株竹子的经营管理，而是对整个鞭—竹相连群体（克隆种群）的管理。对毛竹林的经营应建立种群管理的思想，包括立竹结构调整、林地施肥、节水灌溉等。如：在毛竹林中不均一的施肥效果要优于均一施肥，就体现了竹林各项管理技术有别于其他非克隆性植物。

知识拓展

　　毛竹林地下鞭根系统：毛竹作为大型克隆植物，其地下系统由根状茎和根组成。其中，细长的根状茎即竹鞭（地下鞭），短粗的根状茎就是竹蔸。地下鞭和竹蔸通过秆柄（俗称"螺丝钉"）相连，地下鞭之间通过鞭柄相连。毛竹地下鞭作为根状茎，在地下由鞭梢不断延伸生长。地下鞭上有节，节上有芽。鞭芽萌发成笋，笋出土成竹。相对地下鞭上的一棵竹子或鞭芽（潜在的竹子）而言，沿地下鞭生长方向一端的竹鞭，称为"去鞭"；另一端的竹鞭则称为"来鞭"（图1-4）。

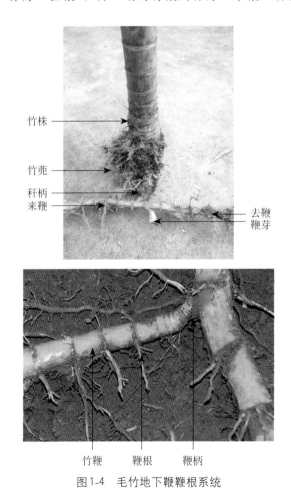

图1-4　毛竹地下鞭鞭根系统

二、从笋到幼竹：世界上生长速度最快的植物之一

视频1-2　毛竹林笋—幼竹生长规律

一般在夏末秋初，毛竹林地下鞭的鞭芽开始孕育为笋芽，到冬季笋芽膨大生长，形成冬笋。翌年春天，地下鞭上膨大的芽或者冬笋破土而出称为春笋。

（一）毛竹春笋期的出笋节律

毛竹春笋期一般为30～45天。林地出笋数量与时间进程表现为少—多—少的节律。早期出笋少，笋个体也较小；而后数量迅速增加，笋个体也较大；后期笋长势弱，数量逐渐减少。这种出笋数量和出笋时间进程的关系表现为S形生长曲线，可以用Logistic方程进行拟合，并根据出笋数量随时间推移的增长速度，将毛竹出笋期划分为初笋期、盛笋早期、盛笋后期和末笋期4个时期（同生群）。

表1-1　毛竹林地春笋期同生群划分表（浙江遂昌，施肥未挖笋样地）

项　目	初笋期 （第1同生群）	盛笋早期 （第2同生群）	盛笋后期 （第3同生群）	末笋期 （第4同生群）	合　计
时间 （月-日）	03-11至03-22	03-23至03-25	03-26至03-29	03-30至04-08	—
时间累计 （天）	12	3	4	10	29
出笋率 （%）	24	32	26	18	100
存活率 （%）	45	39	9	7	100

从表1-1可以看出，毛竹春笋期内，林地出笋数量随着时间推移持续增加，出笋盛期虽然仅持续了7天，但出笋数量高达58%。各同生群新竹（新分株）数量则以初笋期和盛笋早期为主，新竹占84%，表明这两个同生群对成竹的贡献最大。

知识拓展

同生群：是指种群统计中同一时间段出生的植物群体。

***

（二）毛竹笋出土前后的生长规律

在竹笋出土前，其横向生长速度较快，竖向（高）生长相对较慢；竹笋一旦出土，一般超过5～8厘米后，其横向生长就停止，而竖向（高）生长速度加快。毛竹地下鞭多分布在地下25～35厘米处，鞭越深，横向生长时间越长，鞭深每增加5厘米，单株笋可以增加半斤（250克）左右。从出土5～8厘米的竹笋到完成竖向生长，只要45～65天，成竹高即达到15米以上。可以说，竹子是世界上生长速度最快的植物之一。为保证春笋的品质和获得较大的个体，一般在竹笋出土5～8厘米时进行采收，此时，竹笋横向生长达到最大，组织幼嫩，营养品质更好。

（三）施肥对笋—幼竹生长的影响

毛竹林施肥会显著提高竹林出笋数目和新竹数量。

毛竹林的竹笋采收包括冬笋（150克/颗以上）和春笋（250克/颗以上）。对浙江遂昌样地的调查结果表明，施肥使毛竹林提早1周左右出笋，出笋末期延长7～10天；出笋数达到375颗/亩*，是未施肥林地的2.7倍左右。而无论是否施肥，毛竹林退笋均随初笋期、盛笋早期、盛笋后期、末笋期的推移逐渐增加并集中出现在盛笋后期和末笋期。施肥毛竹林的退笋率达到75%左右，未施肥则

---

* 亩为非法定计量单位，1亩=1/15公顷。——编者注

为65%左右。施肥毛竹林竹笋（幼竹）大量死亡，死亡率比未施肥的毛竹林地还要高，然而，施肥毛竹林的出笋数目远大于未施肥竹林，因此，成竹数目也远多于未施肥毛竹林，是未施肥毛竹林的2倍左右。施肥对新竹胸径大小没有显著影响，但不同同生群间新竹的平均胸径存在差异，其大小依次为初笋期＞盛笋早期＞盛笋后期＞未施肥，即较早的同生群的竹笋—幼竹总比较晚的同生群的要大得多。

（四）挖笋对笋—幼竹生长的影响

毛竹林合理挖笋和留养，可使竹笋越挖越多，且能保证留笋成竹。

调查发现，毛竹林实施竹笋采收则出笋早、笋期长。对浙江遂昌样地的调查结果表明，挖笋的毛竹林整个笋期的出笋总数为869颗/亩（其中，冬笋242颗/亩、春笋598颗/亩），是未挖笋毛竹林（出笋528颗/亩）的1.64倍；春笋数是未挖笋毛竹林的1.13倍。未挖笋的毛竹林开始出笋后即快速进入出笋高峰，而后出笋数量锐减并停止出笋；而挖笋的毛竹林出笋盛期的出笋数即接近未挖笋林地的出笋总量，说明挖笋提高了毛竹林出笋盛期特别是盛笋后期的出笋数量。此外，挖笋毛竹林新竹数为114株/亩，占出笋总数的13.1%，占选留竹笋数的70.0%；未挖笋毛竹林新竹数为165株/亩，占出笋总数的31.3%。可以看出，挖笋显著提高了毛竹林的出笋数量，而且合理的人工选留提高了幼竹存活率，可以充分保证竹林的出笋成竹繁衍。

在同一鞭段上，无论是冬笋或春笋，对营养的利用均存在非对称性竞争。也就是较大、生长旺盛的竹笋可通过克隆整合获得地下鞭中更多的营养，而较小、生长较弱的竹笋，较少地得到营养整合，强者愈强，弱者愈弱，最终致使较小的竹笋或者笋芽因得不到足够的资源而死亡（图1-5）。其表现为单位面积内出笋数越多退笋越多，退笋率相对较高。而合理的竹笋采挖，则在一定程度上解除了非对称性竞争，可以促进更多的笋芽萌发，使得林地的竹笋越挖越多，并有效减少养分消耗进而提高新竹的成活率和成竹质量。

图1-5　毛竹笋对养分的非对称性竞争导致的退笋现象

知识拓展

　　非对称性竞争：处于竞争状态的植物间对资源分配，不是按个体大小比例，而是较大的植物占据大于相应生物量比例的资源，较小的植物占据小于相应生物量比例的资源。这种不均衡分配，导致较大植物在下一阶段生长中占有更多资源，而较小植物占有更少资源。

　　胸径：毛竹胸高位置的直径，即地面以上1.3米处的直径。

三、毛竹会逐年变得更高大吗?

　　毛竹竹笋完成高生长并展枝发叶形成新竹后，竹子的秆形生长结束。竹秆的高度、粗度和体积不再有明显的变化。但竹秆的组织幼嫩，幼秆干物质质量仅相当于老化成熟后的40%左右，其余的60%要靠日后的成竹生长来完成。根据成竹的生理活动和力学性质的变化，可以分为3个竹龄阶段，即幼龄—壮龄竹阶段、中龄竹阶段和老龄竹阶段，相当于竹秆材质生长的增进期、稳定期和下降期。

　　（1）幼龄—壮龄竹阶段。随着竹龄的增加，经过根系发展和竹叶更新，竹子的叶绿素、糖分等营养元素都处于高水平状态，该阶段是竹林生理代谢最旺、抽鞭发笋最强时期。此时竹秆细胞壁逐渐加厚，内含物逐渐减少，干物质逐渐增加，竹材的力学性质也相应不断增强，竹秆的材质生长处于增进期。

（2）中龄竹阶段。竹株的营养物质含量和生理活动强度均处于高水平的稳定状态；随即出现下降趋势；所连的竹鞭也逐渐老化，开始失去抽鞭发笋的能力。竹秆的材质生长到了成熟时期，容重和力学强度都稳定在最高水平。

（3）老龄竹阶段。中龄以后的竹子，生活力衰退。由于呼吸的消耗和物质的转移，竹秆的重量、力学强度和营养物质含量也相应降低，形成生理上的收支不平衡和材质生长上的下降趋势。

一般笋材两用林从幼竹到换叶3次的5年生竹子，都处于生理代谢旺盛的幼龄—壮龄阶段；6～8年生为中龄阶段；9～10年生以上属于老龄阶段。对毛竹笋材林的培育应留养幼龄—壮龄竹，砍伐中、老龄竹。

四、毛竹大小年和叶色"三黄二黑"变化

毛竹林春笋的数量（或产量）一年多一年少，循环交替形成大小年现象。毛竹的大小年现象与毛竹的换叶规律紧密相关。在毛竹叶片的一个换叶周期（生活期）内，伴随着毛竹叶片的生长—衰老—脱落，叶色变化节律与竹林的发笋、地下鞭生长、笋芽形成（分化）和竹笋孕育等生长过程紧密相关。生产上可以根据叶色变化制定实施各项技术措施。

视频1-3　毛竹换叶周期与叶色变化节律

（一）毛竹叶片的生长节律

当年生（一年生）新竹：一个换叶期叶色经

历"二黄一黑"的变化节律，周期一般为10个月。即，春季发笋至5月底，幼竹开始展枝发叶，叶色呈黄绿色（黄色）。随着毛竹林的营养积累，到8～9月，叶色转为墨绿色（黑色），并于冬天（翌年1～4月）枯黄（黄色）脱落。

一年生以上的毛竹（表1-2）：一个换叶期叶色变化节律为"三黄二黑"，周期为2年。即，当年4月老叶脱落，新叶逐渐展开，叶片从针叶形长至长度为6厘米左右的幼叶（幼叶期），叶色呈黄绿色（黄色）。随着光合作用等代谢活动的加强，营养不断积累，至当年的7～8月，叶色转为墨绿色（黑色），叶片完全长为成熟叶（成叶期）。当年的11月以后，叶片营养不断向下运输至鞭根系统，并伴随着竹笋孕育和鞭—竹生长对营养的消耗，毛竹叶色由墨绿色转为褐黄色（黄色）。冬、春笋采收和留笋成竹至翌年的4月底至5月初结束，叶片得到恢复性生长和营养积累，到8月以后，叶色又转为褐绿色（黑色），并在12月以后逐渐枯黄（黄色）脱落。

表1-2　毛竹一个大小年周期生长节律与1龄以上竹株的叶色变化

3～4月	6月	8～9月	11月	12月至翌年4月	翌年6月	翌年8～9月	第三年3月
笋期	行鞭期	笋芽分化期	孕笋期	冬、春笋期	幼竹期	笋芽分化期	笋期
叶色黄（换叶）		叶色墨绿		叶色褐黄		叶色褐绿	叶色黄（换叶）
	春笋小年				春笋大年		春笋小年

（二）毛竹林的大小年现象

毛竹林间歇性地留笋成竹，即春笋大年进行新竹留养，形成全林周期性换叶节律。集中换叶年为竹笋小年，发笋数量少，产量低；不换叶年为竹笋大年，发笋数量多，产量高。春笋产量大小年交替进行，这就是毛竹林的大小年现象。形成大小年的主要原因是，1龄以上毛竹叶的生活期为两年，毛竹新叶的光合能力比老叶强，在一定范围内，带1龄新叶的立竹越多，竹叶光合产物就越多，地下鞭等储藏的物质也就越丰富，竹林的出笋数和成竹数也就会越多。这种经营制度导致并同步形成养分的大小年分配规律，从而形成了竹笋数量和产量的大小年现象。

知识拓展

　　毛竹的年龄：毛竹林间歇性地留笋成竹形成全林周期性换叶节律，因此，生产上毛竹年龄一般用度来表示。从出笋成竹到翌年春季换叶称为1度；以后每隔2年换叶1次，每换叶1次增加1度。所以，毛竹除新竹1年生为1度外，以后都是每2年为1度。即1度竹为1年生，2度竹为2～3年生，3度竹为4～5年生。

视频1-4　毛竹林叶色变化节律与生产季安排

（三）叶色变化节律与主要生产季安排

　　毛竹春笋小年（换叶年）的4月中旬至5月初为毛竹幼叶期（叶色呈黄绿色），地下鞭开始萌动生长，此时为营养最大效率期，是毛竹林施肥的关键时期（图1-6）。

图1-6　毛竹春笋小年（换叶年）的幼叶期叶片特征（黄绿色）

知识拓展

　　植物营养最大效率期：在农业上也称作物营养最大效率期，是指植物生长阶段中所吸收的某种养分能发挥最大增产效能的时期。此时期一般出现在作物生长发育的旺盛期。这个时期根系吸收养分的能力最强，植株生长迅速，生长量大，需肥量最多。

　　5月底至6月初，毛竹进入成叶期，叶色呈深绿色，地下鞭梢经过1个月的向上或平展斜伸生长，使表土开裂或拱起，有的鞭梢还会露出地面，此时可以开始采挖鞭笋（图1-7）。

图1-7　毛竹成叶期叶片和鞭梢特征

　　8～9月，毛竹成熟叶叶色呈墨绿色，地下鞭笋芽开始形成，是毛竹林笋芽分化肥的施肥期（图1-8）。

　　10月底至11月，毛竹叶色由墨绿色转为褐黄色，此时竹林进入冬笋发育生长期，应结束鞭笋采挖，以促进冬笋孕育。11月至翌年4月为冬笋—春笋期，毛竹林进入春笋大年。

图1-8　毛竹成熟叶叶片特征

春笋大年发笋结束后，新留养的幼竹在6月进入幼叶期（黄绿色），幼竹竹蔸上的根系开始具有吸收功能，此时，可以对部分老竹进行择伐，调整过密竹林（图1-9）。至当年10月，叶色由褐绿色转为枯黄并逐步脱落时，则进入竹材的全面采伐期。

图1-9　毛竹新竹具有吸收功能的幼叶期（黄绿色）竹蔸根系

五、为什么说毛竹林"有没有笋看水"？

（一）水分是毛竹生长的主要限制因子

毛竹分布在温暖湿润的气候带。作为浅根性植物，毛竹对水热条件敏感，降水量是毛竹生长与分布的主要限制因子，特别是年降水量及其季节分配。其中，毛竹笋芽分化期（孕笋期）、笋—幼竹期的水分条件，决定着毛竹出笋及成竹的数量与质量。

俗话说"有没有笋看水"，就是指水分对毛竹林孕笋的重要性。毛竹林孕笋期一般在8～9月，此期正值夏末秋初，毛竹蒸腾速率达到了全年的最高峰，地下鞭芽开始分化孕育为笋芽，水分是毛竹笋芽分化形成的制约性因素。毛竹林的笋—幼竹期为4～6月。初出土的竹笋笋体组织幼嫩，含水量高达90%左右，随后笋—幼竹进入暴发式的生长，笋体（幼竹）组织水分含量逐步降低。这两个时期都要求月降水量在100毫米以上，才能满足生长发育的需要，否则将严重影响毛竹林发笋成竹与新竹质量。

其他时期缺水干旱也同样影响竹林的发笋成竹。如2013年浙江省，虽然孕笋期雨量较丰沛，但在随后的笋芽膨大期经历了连续40多天的极端高温干旱天气，较大面积毛竹林出现了枯死现象，甚至一些水分供应条件较好的毛竹林也出现叶片卷曲现象，使浙江省2013年的鞭笋和冬笋产量严重下降，翌年春笋的出笋量锐减。

在全球气候变化背景下，各种极端天气现象频繁，即使在降水较丰富的地区也存在着季节性或非周期性的干旱现象，水分干旱胁迫已经成为影响毛竹林生产的主要因子之一。因此，在毛竹林的主要生长季，如出现干旱少雨，可进行人工灌溉，以提高出笋率和成竹率。

（二）毛竹林的吐水现象

在竹笋—幼竹生长的盛期，夜里毛竹林内滴滴答答的"滴水"声，就是笋箨的吐水现象。即在适宜的环境条件下，地下鞭根（包括竹蔸根系和竹鞭根系）吸收土壤中下层水分，通过地下鞭的克隆整合输送至竹笋，再从竹笋的箨叶中吐出，湿润了竹笋或幼竹周围的表层土壤，形成竹林内的水分小循环。根据测定，单棵春笋一昼夜最大吐水量可

超过200毫升。同样，竹子新换叶从针叶期至幼叶期也有吐水现象（图1-10）。

竹子的这种吐水现象，是由竹笋居间分生组织快速生长和叶片蒸腾作用形成较大根压，而夜间叶片蒸腾作用减弱所引起的。通过吐水形成竹林内水分小循环，加强了毛竹林对水分的保持和利用，对于竹笋—幼竹的生长发育也非常重要。

在生产上，吐水现象作为根系或竹笋生理活动的指标，可反映笋竹的生长情况。如，竹林中生长健壮的竹笋才会有吐水现象，当竹笋不再吐水时，则说明竹笋已成退笋（退竹）。

毛竹春笋吐水　　　　　　　　　　毛竹幼叶吐水

图1-10　毛竹的吐水现象

知识拓展

蒸腾：指植物体表（主要指叶片）的水分通过水蒸气的形式散发到空气中的过程。蒸腾作用是植物对水分吸收和运输的主要动力，促进植物对矿物质的吸收和运输，降低植物体和叶片的温度。

———————————✍———————————

（三）毛竹林鞭—竹系统的水分克隆整合

毛竹地下鞭根系统遍布整个林地，除竹蔸的根系外，地下鞭上的每个节都有根系的生长，其中，地下鞭根的细根（吸收根）生物量达到0.34～0.70吨/亩，是杉木人工林细根生物量的2～5倍。毛竹林庞大的地下鞭系统使得竹林可以通过地下鞭根系大范围地吸收水分和养分，表现出很强的对土壤水分和养分的利用能力。

毛竹林具有强烈的水分克隆整合作用。在异质水分条件下，竹株间存在着从高水势供体竹子向低水势受体竹子进行水分传输的克隆整合。高水势竹子数量越多，低水势竹子数量越少，相连竹子间内在水势梯度越大，资源对比越明显，水分生理整合作用就越强，胁迫竹子获益越明显。如，将毛竹伐桩竹隔打破，向伐蔸中加水进行毛竹林灌溉，伐蔸灌溉超过60个/亩，即可以通过地下鞭的水分克隆整合，缓解干旱胁迫，显著提高竹株的光合能力。

毛竹林人工灌溉时，可以构建竹子水分克隆整合的有效整合单元，技术上采用非全覆盖的竹林喷灌方式，通过调节灌溉竹林和与之相连的未灌溉竹林竹子数量，增强竹子的水分克隆整合功能，提高水分利用效率，节约灌溉的成本投入，并实现节水灌溉。在施肥管理上实施沟施法和穴施法，在林地形成沟状或穴状的蓄水单元，发挥竹子水分克隆整合功能，同样是加强水分利用效率的有效途径。

六、毛竹鞭根生长的"觅食行为"

毛竹林在春笋小年的春季竹林换叶后（幼叶期），鞭梢或断梢附近的侧芽抽发新的鞭梢开始延伸生长。毛竹地下鞭在6～7月生长最快，到10月以后竹林大量孕笋生长逐渐停止；翌年在新竹抽枝发叶后，一般在5月底萌动，7～8月最旺，到11月底停止。冬季，鞭梢停止生长或萎缩裂断。

在疏松肥沃的土壤中，鞭梢生长快，年生长量可达5～7米；鞭梢的生长方向变化不大，起伏扭曲也较小，形成的竹鞭鞭段长，岔鞭少，侧芽饱满，鞭根粗壮。在土壤板结或石砾过多、干燥瘠薄或灌木丛生的地方，土中阻力大，竹鞭分布浅，鞭梢生长缓慢（年生长量为2～3米），起伏度大，且易折断；形成的鞭段较短，岔鞭多，侧芽瘦小，鞭根细弱。

大年发笋，小年长鞭。大小年分明的毛竹林大年出笋多，鞭梢生长量小；小年出笋少，鞭梢生长量大。一般春笋小年鞭梢生长量是大年的4～5倍。

（一）毛竹地下鞭的趋性生长

毛竹地下鞭的延伸生长有趋肥、趋松、趋湿等趋性生长（觅食行为）特点。即毛竹的地下鞭梢会主动搜寻土质疏松、养分充足和水湿条件良好的土壤环境，并向这些土壤空间延伸生长。如：竹林采伐后枯枝落叶的堆放地，如未及时清理，则枯枝落叶腐烂给土壤保湿、增肥、增温，翌年6月以后就可以在堆放地的土壤表层发现许多鞭梢在此蔓延（图1-11）。毛竹通过改变地下鞭的延伸角度（分

图1-11　毛竹地下鞭的延伸生长的趋性生长

枝角度）对土壤的异质状况产生了可塑性响应，在生产上可以通过调整施肥区位和深度、埋鞭和覆土等措施，诱导地下鞭在一定林地空间的生长和分布。

知识拓展

觅食行为：有机体在其生境内进行的促进对必需资源获取的搜寻或分枝过程。

（二）岔鞭和跳鞭

毛竹地下鞭上的侧芽萌发形成新的竹鞭称为岔鞭。调查发现，切断（裂断）地下鞭可以刺激断点附近地下鞭侧芽萌发成为新的岔鞭，其中，岔鞭以切断（裂断）当年和翌年发生的数量最多，且发鞭的位置一般集中在断点附近的 1 ~ 8 个芽节，占到总岔鞭数量的 56.1% ~ 72.9%。因此，切断鞭梢或竹鞭可以促进岔鞭的形成（图 1-12）。在生产上，可以采取断鞭技术增加地下鞭裂断的断点，促进

图1-12 毛竹地下鞭切断（裂断）断点附近地下鞭侧芽萌发岔鞭

岔鞭形成，增加地下鞭的鞭段数量。在毛竹鞭笋的定向培育中，通过"壮鞭弱挖、弱鞭强挖"的方法促进岔鞭萌发，实现一个鞭段上的鞭笋多发并可分批多次采挖。

毛竹鞭梢在土中横向生长，碰到纵横交错的老竹鞭或其他障碍物时会钻出地面，在阳光的影响下又钻入土中，形成裸露在地表呈弓形的竹鞭，这种现象称为跳鞭（浮鞭）（图1-13）。跳鞭露出地表的部分，一般较其相连在土中的竹鞭细小而节密，侧芽很少萌发，少具鞭根。对毛竹林地的跳鞭应采取埋鞭等经营措施覆土保护，不能随意挖断，否则会割断竹子地下输导系统，影响竹林的正常行鞭发笋。

图1-13　毛竹林的跳鞭现象

（三）地下鞭根的趋富特化

一般植物（非克隆植物）根系常常在贫瘠的土壤中具有更大的生

物量，用以吸收水分和养分，而在养分富足的土壤中则减少根系生长量或降低根冠比。然而，毛竹在土壤养分异质性条件下，地下鞭根特别是吸收根的生长会出现趋富（肥）特化。

对毛竹林开展开沟施肥试验，并分别于施肥沟上和沟外取样，分析毛竹林细根（0～5毫米）的生长特征。研究结果表明，施肥量为0.36千克/米（高施肥量）的处理沟上细根的生物量、根长、根尖数、根表面积、根体积、根系活力及根系氮、磷代谢酶等根系指标，均显著高于施肥量为0.14千克/米（低施肥量）和0.26千克/米（中等施肥量）的处理；从取样位置看，在各施肥量沟施处理中，沟内细根的根系指标均显著高于沟外细根。可见，在施肥沟上（或更大的施肥量下）的细根具有较高生长量、根系活力和根系氮、磷代谢酶活性，体现了毛竹林细根生长的趋富特化特点。生产上，对毛竹林地应用沟施或穴施的非均一施肥方法，发挥了地下鞭根的趋富特化作用而增强根系对养分、水分的吸收，并利用地下鞭的克隆整合，促进养分资源的相互传递和共享，可以增强毛竹林分生长并降低施肥的用工投入。

知识拓展

趋富特化：植物在对资源水平的响应中，将相对多的生物量投向吸收较富足资源的器官或部分，或将相对多的生物量投向形成有利于吸收富足资源的结构或生理等方面的特征。

七、毛竹林中怎样的地下鞭长笋更多？

毛竹地下鞭的鞭龄不同，其出笋能力也不同。根据出笋能力，可以将地下鞭划分为幼龄鞭、壮龄鞭和老龄鞭。

（一）地下鞭的鞭龄识别

对毛竹地下鞭鞭龄的判断见表1-3、图1-14。

表1-3 毛竹鞭龄的判断

鞭龄阶段	鞭箨	鞭体色泽	根系	其他
幼龄鞭	鞭箨包被或大部分包被	淡黄色,有光泽	鞭根分枝少,通常只有一级支根	—
壮龄鞭	鞭箨部分腐烂,在鞭体上少量存留	金黄色,光泽亮丽	鞭根分枝多,有大量的细根和根毛,生长旺盛	鞭体上开始出现少量黑斑
老龄鞭	鞭箨完全腐烂,在鞭体上无存留	枯黄色,无光泽	鞭根分枝多而粗壮,但细根脱落	鞭体上较多黑斑和人为破损

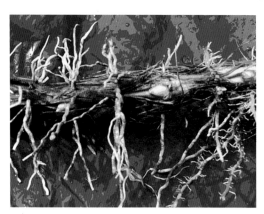

幼龄鞭

壮龄鞭

老龄鞭

图1-14　毛竹地下鞭鞭龄

　　幼龄鞭（新生鞭）鞭体呈淡黄色，组织幼嫩，水分含量很高，为鞭箨所包被，正在进行充实生长，除粗壮的鞭梢被切断时在断点附近会发鞭外，一般不抽鞭也不发笋。

　　2年生以上地下鞭的鞭箨逐渐腐烂，鞭段由淡黄色变为金黄色，鞭体组织逐渐成熟，鞭上的侧芽发育完全，鞭根分枝多且生长旺盛，竹鞭逐渐进入壮龄时期（一般为4～7年生）。壮龄竹鞭的养分丰富，侧芽大多肥壮膨大，生活力强，孕笋数量多、质量好，是毛竹林更新和繁殖的主体。

　　随着鞭龄的不断增加，地下鞭段成为老龄鞭，鞭色由金黄色变为枯黄色至褐色，鞭体的水分和养分含量锐减，地下鞭侧芽在长期休眠之后，逐渐失去萌发能力且部分开始死亡腐烂，鞭根梢端断脱，侧根和须根死亡并逐渐稀疏，吸收作用显著下降。因此，毛竹林出笋量以壮龄竹鞭最多，此后随鞭龄增加出笋量逐步下降。

随着毛竹林水肥条件的持续改善，地下鞭的发笋能力显著增强。从图1-15可以看出，毛竹笋用林的2～3龄鞭就有较强的发笋能力，以4～7龄鞭的发笋能力最强；而毛竹材用林的4～5龄鞭具有一定发笋能力，并随着鞭龄增长一直保持较低的发笋率。

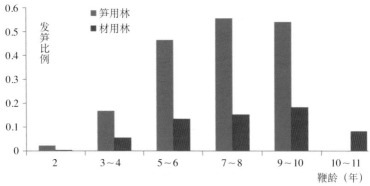

图1-15　毛竹笋用林和材用林不同龄竹鞭的发笋能力

（二）地下系统的独立鞭系特征

把毛竹林中互不相连的地下鞭单元视为独立鞭系（克隆片段）。按照根茎分枝发育顺序，1个克隆片段中，把直接着生于主干上的侧枝定为一级枝，着生于一级枝上的侧枝定为二级枝，依此类推，把独立鞭系分为5类分枝型，即：没有侧枝的单枝型；仅有一级侧枝的一级分枝型；仅有一、二级侧枝的二级分枝型；仅有一、二、三级侧枝的三级分枝型；含有四级及以上分枝的四级分枝型。经调查测算，一级分枝型和二级分枝型数量表现均为笋用林＞笋材两用林＞材用林，而单枝、三级、四级分枝型数量在不同营林模式中差异不显著。人为切断地下鞭，促进地下鞭断点附近芽萌发为新的竹鞭，一方面直接导致独立鞭系的数量增加，另一方面增加了独立鞭系的一、二级分枝型结构，使其数量进一步得到提升。

（三）地下鞭发笋的位置效应

对于一株竹子而言，竹子及通过秆柄（螺丝钉）相连的去鞭部分（包括去鞭上的鞭段、竹子）就构成了一个克隆片段。同样，从鞭柄为起点，连同去鞭上的鞭段和竹子也是一个克隆片段（图1-16）。调查发现，鞭段并非越长发笋数越多，发笋在地下鞭上具有位置效应。即以克隆片段为基础，以竹株（秆柄）或鞭柄作为起点，发笋集中在第18～45芽位，对应地下鞭长为0.8～2米，因此，将发笋率高、长度在1.2～2.0米的鞭段称有效鞭段。地下鞭发笋的另一重要芽位为地下鞭切断（裂断）断点附近的1～8个芽，该芽位发笋占竹林总发笋数量的35%左右。如鞭段过短，则鞭体中部芽少，发笋率低甚至不发笋。生产上，通过断鞭等措施控制鞭长培育有效鞭段，增加地下鞭裂断的断点，可直接增加鞭段数量，有效增加竹笋的萌发位点，提高竹笋萌发数量。毛竹地下鞭发笋的位置效应也为冬笋采挖提供了依据。

图1-16　毛竹的克隆片段

知识拓展

有效鞭段：以克隆片段为基础，以竹株（秆柄）或鞭柄处作为起点，将长度为1.2～2.0米、发笋集中的鞭段称有效鞭段。

八、大竹长大笋、母壮子亦壮

毛竹作为典型的高大乔木状克隆植物，依靠地下鞭侧芽进行克隆更新，形成竹养鞭、鞭生竹的有机整体，不同竹株之间具有很强的克隆整合能力。毛竹林的秆、枝、叶等器官（构件）之间的相关关系表现为异速生长关系，并随着生长环境的改变表现出可塑性特征。利用毛竹构件的异速生长关系和表型可塑性，指导制定生产技术措施，开展笋竹精准定向培育，可实现对毛竹林产品结构性调整和开发利用。

知识拓展

异速生长：表示生物体的不同器官大小或不同属性之间的相关关系，通常以幂函数形式表示：$Y = Y_0 X^b$。其中，X是与Y不同的属性。Y_0和b是常数。

植物的表型可塑性：指同一个基因型对不同环境应答产生不同表型的特性。当植物呈现固定的异速生长特性时为外观可塑性，当植物的异速生长曲线发生改变时为表型可塑性。

（一）毛竹胸径与株高、枝下高、秆长、秆重的异速生长分析

研究发现，毛竹胸径与株高、枝下高、秆长（小头直径2厘米竹秆的长度）、秆重间均为异速生长关系，异速生长指数遵循1/4倍数模型。施肥对胸径与株高、秆高的异速生长指数影响不显著，即施肥不改变同胸径毛竹的株高与秆高。但施肥对胸径与秆重、枝下高的异速生长指数产生显著影响，使竹秆重量比未施肥的减少，竹子枝下高降低。其中，在径级8～12厘米间，竹秆重量减少8.70%～15.10%，枝下高下降13.00%～21.60%。枝下高下降使林分冠层变厚，叶面积指数变大，更有利于提高光能利用率。

（二）不同竹龄竹株间胸径的异速生长分析

毛竹林新竹（子代）胸径通常与母竹（上代）一致，资源不足则减少出笋数，并通过非对称性竞争引起自然退笋（退竹），进一步控制

竹子数量的繁殖策略，实现毛竹林繁衍更新。生产上可以通过连续施肥，结合对竹笋的选择性留养成竹，调控新竹的胸径大小。

调查发现，在未施肥和施肥1年的毛竹林中，1年生竹子的胸径大小与上代竹子（3年生和5年生）均无显著差异；在连续3度施肥后，1年生竹子胸径显著变大（比5年生竹子提高了4.8%）；3年生和5年生竹子胸径在不同施肥处理间均无显著差异。通过异速生长分析发现，1年生与3年生、5年生竹子胸径之间的异速生长指数为0.88～1.10，均与1.00无显著差异，表现为等速生长关系。即无论不施肥、施肥1年还是连续5年施肥，都不能改变这种胸径变化的等速生长关系。

连续施肥虽然不能改变不同竹龄竹子间胸径变化的等速生长关系，但提高了胸径增长的速度。随着施肥年限的增加，通过物质能量的进一步传递，影响下一代竹子胸径的大小，使得1年生竹子胸径增加的效应不断地放大。在上代竹子胸径相同的条件下，连续5年施肥使1年生竹子的胸径得以显著增大。

（三）毛竹胸径与地下鞭的异速生长分析

毛竹地下鞭生长在不同林分间有差异，竹子越大，地下鞭的节间越长、鞭径越粗。对浙江遂昌毛竹林的调查发现，毛竹笋材两用林地下鞭的平均节间长为5.24厘米（3个样地共108米^2，下同），显著高于笋用林（4.38厘米）和材用林（4.08厘米）。地下鞭直径与节间长表现一致，以笋材两用林的地下鞭直径最大（2.51厘米），显著高于笋用林（2.35厘米）和材用林（2.30厘米）。地下鞭的总节数均在102～113节/米^{2}之间，3种营林模式之间差异不显著。对毛竹胸径与节间长及直径进行异速生长分析，结果发现，毛竹胸径与地下鞭的节间长和直径之间均存在显著的异速生长关系，即地下鞭的节间长和直径与毛竹胸径紧密相关，表现出与毛竹胸径之间的高度依赖性。可见，节间长和直径不依赖于经营模式所代表的养分条件或养分异质性条件的变化而变化，即地下鞭的节间长和直径的大小变化反映的是外观可塑性。

（四）毛竹构件异速生长关系对海拔分布的可塑性响应

毛竹的胸径与株高、秆重、枝下高等秆型特征的异速生长关系随

海拔分布而变化。如，相同胸径大小的毛竹在一定海拔高度较其他海拔分布的，其竹秆更高、秆重更大。

　　浙江省遂昌县气候温暖湿润，是毛竹的适宜生长区。遂昌县内白马山最高海拔1 621.4米，毛竹在海拔200～1 300米间广泛分布。调查发现，毛竹胸径与株高的异速生长指数随海拔的增加而减小，其中，分布在海拔400米左右的毛竹林，竹子胸径与株高的异速生长指数为0.99，即胸径与株高为等速生长关系，且显著大于其他海拔的毛竹林。毛竹胸径与重量、枝下高的异速生长指数，则均以分布在海拔600米的最大，并显著大于800米、1 000米的竹林。综合分析各秆型间的异速生长指数、常数可以得到，在遂昌县白马山区域，在较大胸径（大于9厘米）时，海拔600米左右的毛竹林较其他海拔有更高的竹秆、更大的重量和更长的枝下高。同样，对福建省永安市的调查则发现，以分布在海拔800米左右的竹林最为适宜。在生产上，应根据经营目标选择海拔分布适宜的毛竹林基地进行培育，做到因地制宜、适地适栽。

　　由海拔差异引起的气候条件变化显著影响异速生长指数，即毛竹胸径与株高、秆重、枝下高等秆型特征之间的关系对气候条件变化做出了表型可塑性响应。这或许是毛竹具有宽泛的生态幅和更好的耐受性，可以占据更广阔的地理范围和更多样化的生境，从而成为广幅种的重要原因。

九、竹子在林地分布是否均匀？

　　竹林结构通常是指竹林建群树木的组成及其形态。毛竹林按建群树种组成不同分为纯林和混交林。纯林是指竹林建群树种仅竹子一种，或竹林中有少量乔木树种，但其组成（冠层投影）所占比例不到10%。混交林是指竹林中除竹子之外，还有其他树木，且其所占比例超过10%。毛竹的竹林结构由地上部分的立竹结构和地下部分的地下鞭根结构两大部分组成，其中，立竹结构包括竹林密度（立竹度）、立竹大小、年龄结构和冠层结构等。

（一）竹林密度与分布均匀度

　　从毛竹春笋大年笋—幼竹开始，毛竹林的竹林密度随时间呈现动态变化。

以毛竹林笋期立竹数量150株/亩为例,在一个大小年周期的变化见表1-4。在毛竹林一个大小年周期(2年)中,立竹数量在150～210株/亩之间变化。描述立竹结构的竹林密度(又称为经营竹林密度或经营立竹度)指标,是指竹材采伐后至翌年留笋成竹前竹林的立竹数量,如,该例中毛竹林的立竹密度为150株/亩。同样,毛竹的胸径大小、年龄结构和冠层结构都是以竹林密度(经营立竹度)为基础的。可以看出,竹林经营管理过程中,其结构是动态变化的。

表1-4　毛竹一个大小年周期立竹密度的动态变化过程

4～6月(第一幼竹大年,竹笋留养年)	6月(幼竹展枝发叶)	7月(竹子控制性择伐)	11月至翌年4月初(竹材采伐期)	翌年4月(春笋小年,竹笋不留养年)	翌年5～12月(鞭笋期,进入春笋大年)
150株/亩	210株/亩	190株/亩	150～190株/亩	150株/亩	150株/亩

立竹分布均匀度是衡量立竹在林地上分布状况的指标。一般要求,直径大于6米的林间空隙每亩少于6个,以保持毛竹林具有较好的立竹均匀度。

立竹在林地上的分布较为均匀,竹林对环境资源利用就更充分。对浙江省龙泉、遂昌共18个样地的调查发现,毛竹林均匀度具有尺度效应,即3种经营模式(笋用林、笋材林、材用林)的毛竹林在直径大于4米的空间尺度上,立竹均呈现为随机分布,而在直径小于3米的空间尺度上趋向于均匀分布,并在小于3米尺度上达到了5%或者10%的显著水平。同时发现,在小于3米的小尺度上,新竹(新分株)与母株的空间关联性趋向于正关联,表现出新分株在空间位置上对母株空间格局具有一定的依赖性或受母株生长限制的特征。这种关系是毛竹冠层对光、温、水、气、热利用效率与竹林克隆整合、克隆特化等形成低耗费高收益等共同作用的结果。判断立竹分布均匀与否,可以参考

林内林地较大空隙（林窗）的数量。一般，当林内直径大于6米的林间空隙较多（大于6个）时，则林地的均匀度较低，反之林地立竹分布较为均匀。

（二）立竹大小和整齐度

毛竹林的立竹大小用立竹的平均胸径指标表示。立竹大小直接关系到植株叶面积和根系面积的大小。一般而言，立竹个体越大，冠幅越大，制造有机物质的能力就越强。

立竹整齐度是反映林分中立竹个体大小差异程度的指标。一般用竹林平均胸径和平均胸径标准差的比值表示。整齐度愈大，竹林中个体大小差异愈小。毛竹林由大小不等的竹子组成，因毛竹的胸径大小与株高和枝下高成异速生长关系，即高大竹株林冠占据着林分的中上层，而较小竹株在中下层，立竹个体大小的组成使林冠厚度得以增加，因此，以培育目标竹株的大小为基础，适当保持立竹个体大小差异，有利于林分对光能的利用。

（三）年龄结构

竹林的立竹年龄包括立竹个体年龄和竹林立竹年龄结构组成。立竹单株年龄是指该竹株从竹笋出土长成新竹存活至今的时间，竹林立竹年龄结构组成是指组成该片竹林的立竹年龄的组合关系。通常，毛竹林由不同年龄立竹所构成，因而毛竹林是异龄林。毛竹的年龄结构用各立竹个体年龄的数量相对比值表示。如，一片竹林1度竹（1龄）有60株，2度竹（2～3龄）有60株，3度竹（4～5龄）有30株，则其立竹年龄组成就为1度：2度：3度=2：2：1。

立竹年龄的判定有观秆法、枝痕法、号竹法等。生产上可以采用号竹法（图1-17）来辨认立竹年龄，就是用特制的涂料（捏油笔）在每年新发竹子的竹秆上标记发竹年号，用以识别该立竹的年龄，方便

图1-17　毛竹林号竹

对毛竹林竹材进行采伐管理。

（四）毛竹林的自疏现象

　　毛竹林冠层结构是不同大小、不同高矮的立竹竹冠在林中空间的组合分布，体现为冠层厚度、形态和疏密程度等。竹林冠层结构反映了竹林利用光能的效率，直接影响竹林的更新生长和经营产量，同时也关系到竹林截留降水、地表径流，以及固碳释氧和调节气候等功能。毛竹林在笋—幼竹期通过退笋（退竹）控制成竹的数量，退笋（退竹）即为竹林的自疏现象（图1-18）。

图1-18　毛竹林退笋（退竹）现象

　　毛竹成林经过择伐，通常不会出现毛竹成竹个体死亡的自疏现象。但毛竹林在过高密度的条件下，林冠光资源竞争加剧，特别是立竹下部光照强度明显减弱，枝叶生长空间受到限制，会导致立竹下部叶片和枝条过早地衰老脱落（图1-19）。

图1-19　毛竹立竹下部枝条和叶片衰老脱落的自疏现象

第二章

毛竹林高效定向培育原则

一、决策先行：竹林分类经营、产品定向培育

毛竹的秆、枝、叶、笋和笋箨、竹鞭、竹根等皆可利用。丰产毛竹林每度可产鲜笋0.75～1.50吨/亩、竹材1.0～2.0吨/亩，甚至更高。竹材、竹笋及其他产品作为原料通过加工，可增值几倍至十几倍。农户除直接从经营竹林中获取收益外，还可参与笋竹加工生产，开展竹旅融合等服务业，获取多种来源的经济收益。因此，竹子不仅为社会提供大量的各种产品，而且对山区经济发展和农村劳动力就地转移消化发挥着重要作用。对毛竹林的培育利用要科学处理经济效益与生态效益、笋竹生产与多功能利用等关系。实施竹林分类经营和定向培育是实现经济、生态、社会效益统一的有效途径。

（一）实施竹林分类经营，统筹管理优化生产投入

毛竹林分类经营就是依照竹林的主导功能和经营目标对林地进行分类，根据划定的类型采取相应的社会、经济和技术手段实施经营管理。生产上毛竹林经营通常可分为三类。

生态主导类。以获取最大化生态效益为目标的竹林经营类型。如防护竹林、水源涵养竹林和水土保持竹林等。

集约高效类。以获取最大经济效益为目标的竹林经营类型。如材用竹林、笋材两用林、笋用竹林等。一般要求林地坡度较平缓、竹林结构较合理、立地质量高、交通方便。

调整改造类。现实毛竹林分结构差、立地待恢复、林地生产条件落后等，需要采取特定的经营措施，经过一定时期的改造调整，改善林分状况后，根据实际情况按"集约高效类"或"生态主导类"经营。

　　此外，还有以获取最大化社会效益为目标的竹林经营类型，如森林公园景观竹林、自然保护区竹林等。

（二）实施竹林定向培育，最大化发挥竹林经营效益

　　竹林定向培育是指根据确定的经营目标（主导产品），采用先进适用的培育技术，定向培育出笋竹产品。在生产实践中，一是按照竹林主导产品的结构确定经营模式，如主导产品为竹笋的笋用林、笋材兼营的笋材两用林和以竹材主导的材用林；二是根据目标市场对笋竹产品的功能定位确定经营模式，如笋用林可以分为早冬笋、晚冬笋、早春笋、晚春笋和秋鞭笋等实施开发利用，材用林则根据市场需求和林地条件，可以进行大径竹材定向培育。通过实施笋竹定向培育，优化产品结构、提升产品质量，实施竹林产品供给侧结构性调整，形成竹林特色经营，发挥竹林最大化的经营效益。

（三）多目标多形式开发，加快推进融合发展

　　1. 拓展林下经济　毛竹林下空阔，林地具有一定郁闭度，小气候独特。利用竹林环境，可以开展林下栽植、林下养殖等林下经济。结合当地实际和特点，采取适宜模式，撬动林下空间资源，发挥林下经济优势，增加林地经营效益（图2-1）。

　　2. 推进竹旅融合　竹林是具有一定景观性、参与性的旅游文化资源。竹子青翠挺拔、虚心知节，更为"岁寒三友"之一。可以挖掘竹林旅游潜能，将利用竹资源、挖掘竹文化、开展竹旅游融合，建设竹旅山庄等美丽乡村、发展美丽经济，

视频2-1　竹林分类经营与多目标利用

林下栽植竹荪

林下栽植黄精

林下栽植白芨

图2-1　毛竹林下栽植竹荪、黄精、白芨等林下经济植物

让游客在竹林中挖笋、漫步、休闲，通过发展竹林旅游休闲，提高竹林综合效益。

3.发展农村电商　"好产品卖不出、价格低"是农民的心头痛；"找不到、买不着、不敢吃"是农产品的消费困局。笋竹作为山珍食材，要通过积极发展农村电商等手段，形成线上线下融合，让优质的笋竹产品进城，提高产品价值。针对当前农村电商的发展瓶颈，应注重解决三个问题：一是通过标准化管理及规范化生产，以及建立产品溯源系统查询平台，保证笋竹产品安全，扩大消费者对产品的认可。二是针对笋竹产品标准化，加强产后分级、包装、营销，促进产品与市场对接。三是通过打造农产品销售公共服务平台，解决小规模生产与大市场销售的难题。

知识拓展

分类经营和定向培育：

经营类：依照竹林的主导功能和经营目标对林地进行分类区划。如以获取最大化生态效益为目标的生态主导类、以获取最大经济效益为目标的集约高效类等。

经营型：按照竹林定向培育的主导产品结构确定。如主导产品为竹笋的笋用林、笋材兼营的笋材两用林和以竹材主导的材用林。

经营模式：根据目标市场对笋竹产品的功能定位，以经营型细分确定，如笋用林的早冬笋—晚冬笋型经营模式、冬笋—鞭笋型经营模式等。

二、如何发掘毛竹林自我生产能力

毛竹林生态系统在挖笋、留竹、砍竹等经营干扰下始终处在动态变化之中。毛竹林应制定基于生态经营策略的管理制度，注重发挥竹林生态系统生产能力，以竹林结构管理和林地土壤管理为核心，优化竹林经营技术措施，并采取生物多样性保育等技术手段，以实现竹林系统生态、社会、经济综合价值的统一。

（一）采取生态系统管理策略优化技术措施

毛竹作为大型克隆植物，具有克隆整合、特化分工和觅食行为等克隆植物生态学特征。生产上应积极采取生态系统管理策略，科学利用并发挥毛竹有别于其他森林（如杉木林）的生态系统特征和功能，建立协调稳定的竹林生态系统，不断提高竹林生产力。如，在施肥管理上，发挥竹林的克隆整合与特化分工效应，采取非均匀穴施法和非均匀立竹动态调控等技术措施，促进毛竹林发挥低耗费高收益机制，提高竹林施肥成效。在竹笋采收上，利用非对称性竞争现象，协调笋竹留养和采收利用之间的关系，促使竹笋越挖越多。在对地下鞭系统的管理上，利用鞭梢趋富生长和发笋位置效应等特点，通过断鞭、埋鞭和调整施肥深度等手段，优化地下鞭系统结构，提高笋芽萌发率；根据毛竹各器官（构件）的异速生长关系，制定实施林分立竹结构管理措施，实现对笋竹个体大小的精准控制。可以看出，采取生态系统管理策略制定技术措施，不仅可提高毛竹林现实生产力，还可对竹林生产力的分配格局产生有利影响，以实现毛竹林笋竹

产品定向培育的目的。

知识拓展

　　生态系统管理：是在对生态系统组成、结构和功能加以充分理解的基础上，制定适应性的管理策略，以恢复或维持生态系统整体性和可持续性。

（二）实施毛竹林减量增效施肥

　　毛竹林每年进行竹笋采挖、竹材采伐，其高强度利用和短轮伐期的作业特点决定了竹林每年有大量的养分元素流失。研究表明，每年带出林分的生物量占总生物量的25.64%，氮、磷、钾、钙、镁等五大养分元素流失量占植被养分总量的29.57%。合理、科学施肥是保持和提高土壤肥力，增加笋竹产量，提高经济效益的主要手段之一。毛竹林施肥应采用测土推荐施肥，实现肥料管理的减量增效。

（三）降低对毛竹林地的经营干扰

　　推行毛竹林带状垦覆和免耕，降低土壤垦覆强度。积极采取生态营林，推行带状垦覆、免耕技术等，并结合竹笋采收、林地施肥等多种手段，进行土壤翻垦。对陡坡地、溪流两岸等宜实施保守作业，垦覆预留水土保持带；保护险坡、急坡的林下植被；通过合理留养、补植套种阔叶树等途径，逐步提高竹木混交比例。

　　控制林地采伐剩余物输出。除直接把竹笋、竹材等经营目标产品带出竹林外，其余没有经济价值的部分应尽量归还土壤。生产上可以通过竹质粉碎机将采伐剩余物粉碎，并铺洒于林地的方式归还竹林。

　　适当保留林下植被（图2-2）。林下植被不仅丰富了竹林生态系统的物种多样性，而且作为生态系统的生产者，林下食物链的基础，维持着竹林生态系统的稳定性。毛竹材用林可以间隔5年进行一次劈杂，笋用林可以通过新竹留养或竹材采伐等方法形成一定林窗，增加林下光照，以丰富林下植被（主要是草本植物）的种类、数量和生物量。

图2-2　毛竹林生草栽培

三、综合应用社会经济技术手段推进竹林生产经营

毛竹林培育技术在一个区域内是否适用，包含两个方面：一是当地的资源、经济和社会条件等是否达到实施该项技术的要求，即技术实施的条件；二是技术产出的效益，特别是经济效益是否达到当地林地经营者的期望值。在实际生产中，应通过调查分析影响竹林培育生产发展的因素，以原有技术为基础结合先进技术，综合运用社会、经济手段推进毛竹林的生产经营（图2-3）。

（一）生产经营条件

竹林道、灌溉设施等基础设施条件是制约竹林生产经营的限制因素。毛竹一般分布在山区，竹山交通条件差，导致笋竹经营效益低，农户采用新技术积极性不高。笋竹产品下山难，肥料农资上山难。调查发现，在竹山运输道路密度大于300亩／千米以上时，仅竹材采运成本就要占竹材经济收入的一半或更大，导致立地条件越差，农户越不倾向采用新技术。因此，改善生产条件（交通条件、灌溉条件等）对推进农户采取新技术有积极作用（图2-4）。

adf

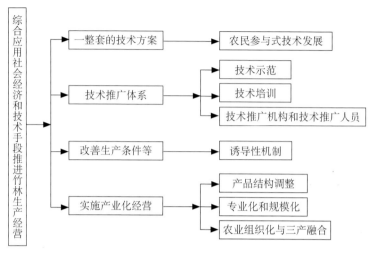

图2-3　推进毛竹林经营管理的社会经济技术手段

图2-4　毛竹林道建设显著改善了林地经营条件

知识拓展

短板理论：又称木桶原理、水桶效应。盛水的木桶是由许多块木板箍成的，盛水量也是由这些木板共同决定的。若其中一块木板很短，则盛水量就被短板所限制。这块短板就成了木桶盛水量的限制因素或称短板效应。

（二）农村劳动力状况

毛竹林的培育管理是一种劳动力密集型生产经营活动。表2-1列出了毛竹培育类型实际劳动力使用状况（浙江遂昌）。

表2-1　毛竹定向培育类型实际劳动力需求量［工／（亩·度）］

定向培育类型		劳动力投入	按生产季分配			
			11月至翌年4月（笋期）	4~6月（土壤管理）	8~9月（土壤管理）	10月至翌年4月（竹材采伐）
笋用林	冬笋型	21~27	15~20	2	1	3~4（小年）
	鞭笋型	25~27	10~12		12	3
笋材林	较高型	14~19	8~12	2	1	3~4（小年）
	一般型	13~16	8~10		0	
材用林	高效型	9~14	4~6	2	0	5~6（小年）
	一般型	8~11		1	0	3~4（小年）

由表2-1可以看出，劳动力投入主要集中在10月至翌年4月（笋期、竹材采伐）和4~6月（春笋小年）。目前农村劳动力趋于紧缺，劳动力机会成本上升。根据劳动力数量和劳动力成本状况，合理确定毛竹林定向培育类型和经营规模是现实和必要的。

（三）笋竹产品结构

根据区域笋竹产品的价格特点，进行产品结构调整。在取得相对产量的基础上，实现效益最大化。以福建和浙江的两县为例，当地笋竹产品及市场情况见表2-2。

表2-2 福建省××市和浙江省××县竹笋产量与价格分析

产品	冬笋			春笋		
	10月底至12月	12月至翌年1月	春节	3月15日前	3月15日至4月上旬	4月上旬以后
福建省××市	冬笋产量较低,但价格高	冬笋采收量逐渐加大,但价格开始走低	产量大,受春节市场影响,价格走高	春笋产量高,价格高	春笋产量高,价格平稳	春笋进入末期,价格持续走低
浙江省××县	没有采收冬笋	冬笋开始部分采收,价格上扬		受气候条件影响,产量低,价格高	春笋产量高,价格较高并平稳	春笋进入末期,价格走低,但后期笋价格反弹

由表2-2可以看出,福建省××市的竹笋产量、价格与浙江××县相比,在早冬笋(10月底至12月)和早春笋(3月15日前)上有明显优势。而在浙江处于大量冬笋期和春笋期时,福建竹笋在价格上处于劣势。因此,将市场作为主导因素,根据两地产品产量结构特点,福建××市可以将"早冬笋、早春笋;晚冬笋、晚春笋"作为笋竹产品定向培育目标,在取得相对丰产时可以实现经济效益最大化。

知识拓展

主导因素:主导因素指影响某事物发展的最重要的因素。也就是说,该因素对某事物的影响最大,没有这种因素或条件就不可能有该事物在某区域分布的可能。如,鞭笋保鲜期1~2天,需靠近消费市场,市场成为其主导因素。

(四)区域经济发展与产业结构特点

各地根据资源禀赋和社会经济状况发展笋竹加工产业,逐渐形成地方区域特色。如竹板材及家具、竹炭、竹醋液、竹席、竹筷等竹制品等。这些区域性特色产业对笋竹原材料的要求是不同的。如，用于毛竹展平板生产，要求原竹胸径大、尖削度小；用于烧制竹炭的则与原竹大小无关，但竹龄一般需6年以上；部分特用竹需求，如渔用竹，则要求竹竿达到一定高度等。受区域笋竹加工业发展对原材料需求不同的影响，区域间各种原材料价格相差较大。根据市场需求，确定定向培育类型和区域生产格局，资源培育（一产）有效连接笋竹加工（二产）是提高竹林经营效益的有效手段。

（五）专业化和规模化生产

农业产业化是构筑在生产专业化和规模化基础上的。通过家庭农（林）场、专业合作经济组织和专业产业协会等形式，加强在生产信息、技术、物资、销售等方面的社会化服务，组织动员农户参与实施一体化经营，扩大产业经营规模。如通过统一购进生产资料，开展技术服务等，达到节支增收的目的；在组织化的经营团体中，让部分成员带头开展新技术的引进、试验和生产应用，加快新技术的推广。以专业化和规模化生产提高竹林经营效益。

综合上述要素资源，在技术和政策的选择和决策中，要赋予农民选择权和决策权；在技术设计时强调社区农民的主体地位，并鼓励农村社区农民对社会和生活环境进行最优规划，使毛竹林资源的开发利用达到最优的配置。

第三章
毛竹林定向培育共性管理技术

一、毛竹林林分结构管理

竹林生产力的核心是竹林结构状况。结构决定功能，功能决定效益。竹林结构关系到竹林利用光、热、水、气、矿质元素等环境资源，制造养分、繁衍更新和发挥功能效益的能力。由于经营目标不同，不同毛竹林经营类型竹林结构因子量化指标是不同的。

（一）林分组成

毛竹材用林的林分宜为混交林或纯林，混生乔木树比例应小，一般不宜超过30%；毛竹笋用林一般应为纯林，或少有混交阔叶树；水源涵养和水土保持等生态竹林的林分组成应为竹木混交状态，且乔木混生比例宜大，可达50%。

（二）立竹结构管理

对竹林生长及其功能效益的影响是多因子相结合共同所起的作用，一定立竹大小（胸径）的竹林，以立竹密度的影响程度最大，其次为立竹竹龄和立竹整齐度等。立竹结构管理要点为：以经营类型定密度，以市场需求定大小，以经营水平定竹龄。

1. 以经营类型定密度　根据确定的经营类型定立竹密度，以平均胸径为10厘米的毛竹林为例，毛竹笋用林经营立竹密度为150株/亩左右，材用林为200株/亩。立竹密度的变化，一是协调竹林地上秆、枝、叶和地下鞭、根的生物量生长与分配，促进竹林系统营养利用和笋竹产出；二是直接影响林地空间利用状况，协调竹林光照、温度和水分等微区域环境因子。在林地密度过大时，竹林相对就有较大的地上生物量分配，而且，根据单株竹材重量的增长要比胸径增长更快的特性，可以取得更大的竹材产量，适宜材用林经营。而对于竹笋生产而言，降低立竹密度并减少林地空间被竹蔸占用，形成较大林地空间发笋及具有相对较高的林内温度，可以促进竹笋孕育萌发。

2. 以市场需求定大小 笋竹大小是竹株协调生长的结果，即竹子有多大，竹笋就有多大，地下鞭就有多粗。这种协调生长不仅决定了春笋、冬笋、鞭笋的大小，也限定留笋成竹的竹株大小。因此，对留笋成竹和竹材采伐形成竹株的大小（竹林平均胸径），要根据市场对笋竹质量的需求来决定。如春笋型笋用林，当标准春笋要求1.75千克/颗，则竹林平均胸径为9厘米左右最适宜；冬笋型笋用林，冬笋大小为250～400克/颗，则平均胸径为10厘米左右。以竹材产量最大化为目标的材用林，则综合考虑竹林所处的立地条件并结合立地因子确定生产级，以毛竹生长级大小确定适宜胸径。

3. 以经营水平定竹龄 以经营水平定竹龄结构，以水肥管理采用测土推荐施肥为例，实施初期（第1～2年），竹龄结构可为1度：2度：3度：4度=3：3：3：1，随着经营水平提升（实施3～4年），可调整为1度：2度：3度=1：1：1。对集约经营管理的笋竹林，可为1度：2度：3度=2：2：1。毛竹林经营管理水平直接影响竹株成为壮龄竹的竹龄，在经营管理水平较低的时候，4～5年生的竹子为壮龄竹，相应的6～7年生的地下鞭为壮龄鞭。随着经营管理水平的提高，特别是受水肥管理的影响，竹林的光合能力和发笋能力得到提高，竹株成为壮龄竹的竹龄可提前为2～3年生竹。降低竹龄结构组成可发挥竹株的光合和发笋能力，并提高年度竹材采伐量。

（三）地下鞭结构管理

毛竹林地下鞭根系统是竹林养分吸收和传输的重要载体，也是重要的营养储存库，维持一定数量和结构的鞭根是竹林丰产的必要条件。毛竹笋用林的地下鞭结构宜为多鞭系结构，具有相对较短的鞭段，以促进笋芽萌发生长而多出笋；材用竹林的地下鞭为单鞭系结构，保留相对较长的鞭段，有效控制笋芽萌发。一般结合林地垦覆、施肥、挖笋、断鞭、埋鞭、清除老鞭和覆土等措施，进行地下鞭管理，诱导地下鞭在土壤中合理分布，优化地下鞭鞭龄结构。

视频3-1　毛竹林测土推荐施肥技术

二、毛竹林测土推荐施肥

毛竹林分区测土推荐施肥，就是根据竹林长期施肥、采笋和伐竹等经营干扰，使土壤养分空间变异趋于一致的规律，通过面向乡村农户的竹林测土和经营模式评估，对毛竹林经营区地块进行分区，按照分区（类型）的土壤养分特征和毛竹林经营目标，提出肥料组成和施肥方案，分类型、分梯度对竹林施肥进行指导。分区式测土推荐施肥降低了土壤取样和测试分析数量，节约了成本，解决了在区域层面面对分散农户进行测土施肥的难题。

（一）毛竹林土壤养分的空间变异

大区域的毛竹林土壤养分的空间变异主要由土壤类型（如母质、气候、生物等）的差异而导致的。小区域的毛竹林土壤一般属于同一土壤类型，竹林土壤的养分变异更多存在于地块内部或地块与地块之间。如，地块内上、中、下坡位间的土壤养分变异。通常，毛竹林的下坡位是坡面养分的汇集处，土壤养分含量高于中坡位和上坡位，使得毛竹的生长情况，从好至差依次为下坡（含山谷）、中坡、上坡（含山脊）。

毛竹林不同空间、不同地块间的速效养分存在着不同的变异情况。总体表现为，随着毛竹林集约化经营程度的不断增强，地块间毛竹林的养分变异性也逐渐增大。其中，速效氮的变异程度普遍较大；有效磷和速效钾变异程度则较为一致。导致同一个区域相同土壤类型的土壤养分差异，主要是由农户对竹林经营类型的选择，包括经营目标，特别是施肥习惯等差异决定。肥培制度相似的地块经过长时间相似的培肥管理后，这些处于不同地块的竹林的养分状况逐渐趋向一致。

（二）毛竹林土壤养分的二级分区

对毛竹林土壤进行合理分区是推荐平衡施肥的基础。根据区域性竹林土壤养分状况进行土壤养分分区，并提出针对每一区的各种养分管理方案，因缺补缺、平衡施肥，以达到区域性土壤养分精准管理的目的。毛竹林地土壤可以按照二级分区法进行分区施策（图3-1）。

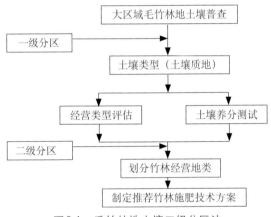

图3-1 毛竹林地土壤二级分区法

毛竹林土壤类型分区（一级分区）。对于较大的区域来说，先按土壤类型的大类来进行分区。土壤类型是自然和人为因素的综合历史自然体，一般同类型的土壤具有相对一致的土壤理化特性，分布具有明显的地带性或区域性特点。

毛竹林经营地类分区（二级分区）。在相同的土壤类型下，由于毛竹林的经营受自然因素的影响存在一致性，导致竹林土壤养分的差异、竹林产量的差异等主要是由于人为的施肥习惯、经营目标和经营类型差异导致，因此，在二级分区中可以按照毛竹林生产管理的分异特征，

结合土壤养分测试结果进行分区。生产经营状况评估主要项目为：近3年竹林经营管理情况，包括施肥时间、施肥种类、施肥量、竹林的立竹结构状况、竹笋产量、竹材度采伐量等。

根据毛竹林实施经营类型的具体情况，结合土壤类型情况，一般将区域性（乡镇—村）毛竹林土壤养分二级分区划分为6个类型左右即可。

（三）毛竹林测土推荐施肥

根据毛竹林二级分区确定经营地类，以土壤养分测试为基础，根据毛竹林的需肥规律、土壤供肥性能和肥料效应，将以养分平衡为基础的底肥推荐和以土壤快速测试为手段的追肥推荐有机结合，确定推荐肥料的养分组成和施肥用量。测土推荐施肥的核心是调节和解决毛竹林需肥与土壤供肥之间的矛盾，有针对性地补充毛竹林所需的营养元素，缺什么就补充什么，需要多少就补充多少，实现各种养分的平衡供给。

测土推荐施肥原则为：调控施用氮肥，监控施用磷、钾肥，配合施用有机肥。土壤快速测试推荐施肥技术体系如图3-2所示。

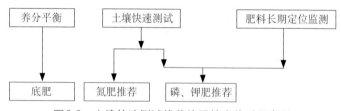

图3-2　土壤快速测试推荐施肥技术体系示意图

毛竹林土壤肥力指标包括土壤养分储量指标和养分有效状态指标。一般对土壤测试分析的主要指标包括：有机质、全氮、全钾等土壤养分储量指标和有效磷、速效钾等养分有效状态指标。由于受长期施肥习惯的影响，目前各竹产区毛竹林土壤施肥以氮素的投入为主，氮素含量的高低和丰缺是影响竹林土壤养分状况的主要指标。在毛竹林土壤养分的分区中，可以以氮素为分区主要指标来考量。

①底肥推荐量。在土壤养分中庸的条件下（表3-1），根据毛竹林竹笋竹材目标产量，通过养分平衡计算确定底肥推荐配方，见表3-2。

表3-1 毛竹林土壤养分（大量元素）指标

等级	有机质（克／千克）	全氮（克／千克）	碱解氮（毫克／千克）	有效磷（毫克／千克）	速效钾（毫克／千克）
中庸	>28.60	>1.12	>150	>12	>80
轻度贫瘠	28.60～18.00	1.12～0.80	150～100	12～8	80～50
贫瘠	<18.00	<0.80	<100	<8	<50

表3-2 毛竹笋材两用林定向培育配方模式（其他略）

大小年	4～6月 发鞭长竹肥	8～10月 笋芽分化肥
春笋小年	N：P：K=5：2：3 沟施，蔸施	N：P：K=2：1：1

注：用肥量按N：P：K=5：2：3，30%有效量计算，毛竹林度施肥量为60～75千克/亩。

②追肥推荐量。综合考虑土壤肥力的维持和提高，将土壤速测应用于追肥推荐，适应不同肥力土壤、不同气候条件下的竹林。参照《毛竹林土壤养分指标》，土壤养分实测结果为轻度贫瘠的竹林，应在底肥基础上增施15%的用量；对于土壤贫瘠的竹林，在底肥基础上增施30%的用量。对施氮量较大的地区，可降低氮肥用量，减少污染。其中，推荐磷、钾应采取以下原则：第一，对磷、钾元素增产效应较高的竹林，通过施用化肥来保证土壤养分的收支平衡或略有盈余。第二，对磷、钾元素尚未显效的竹林，强调适当增加有机肥料的施用，减少养分的亏缺。

③优化耕作方式。将改进施肥技术与挖掘竹林自身高效利用养分的生物学途径相结合。

在实际操作上，按照便捷操作、分级管理，将施肥配方分为三个层次：一是基础配方肥，即可以直接购买使用，适宜土壤肥力中庸，但需要改进施肥时间、方式、方法等的配方肥；二是通用配方肥，在基础配方基础上，根据经营类型、测土结果进行限制养分配给的配方肥；三是专用配方肥，也就是根据农户要求，对竹林土壤单独取样分析、配方制肥、指导施用的个性化配方肥。

知识拓展

土壤样品的采集与制备：确定相对经营水平一致的毛竹林地块，按照Z形分别在林地的上、中、下坡，选取3～5个点，每个点在直径5米范围内，多点取土样（12～20个）混合装入袋内。取样深度在0～25厘米。取样袋贴上标签，记录样点位置和农户信息等。土壤样品带回实验室进行自然风干、去杂、磨碎待测试分析使用。

三、毛竹林竹笋采收

（一）竹笋类型

毛竹林竹笋分为冬笋、春笋和鞭笋（图3-3）。其中，地下鞭芽在秋冬季膨大，当单个重量超过150克时即可采挖，称为冬笋；立春后出土的竹笋为春笋；地下鞭的鞭梢肥壮、幼嫩部分，则称为鞭笋。竹笋含有充足的水分、丰富的植物蛋白以及钙、磷、铁等人体必需的营

图3-3 毛竹笋产品——冬笋、春笋、鞭笋

养成分，膳食纤维含量适宜。竹笋味道清香鲜嫩，营养丰富，被誉为"天下第一素食"。

（二）"三适"采收法优化竹笋产出

1.适时采收竹笋　地下鞭上的笋芽长为冬笋—春笋经历了冬季、春季的时间跨度，同样，鞭笋遵循慢—快—慢的生长节律。而且，竹鞭的养分传输作用使相邻竹笋之间表现为生长竞争，即当一个竹笋被挖走后，与之相连的竹笋就减少了竞争对象可更快生长。因此，适时采收就是满足冬笋、春笋和鞭笋的商品性，并根据留笋养竹的要求，选择合适的时间和间隔对竹笋进行多次采挖。采挖的竹笋质量好、产量高。

2.适量采收竹笋　竹笋采挖和竹笋留养是形成竹林结构的重要技术措施。适量采收春、冬笋，就是根据竹林经营类型，在不同笋期适量采挖或留养竹笋，既考虑采收带来的经济效益，也要保证后期竹林的形成，以利维持竹林结构始终在高生产力水平。适量采收鞭笋，不仅可以增加经济收入，还可以促进竹林地下鞭根系统的形成。一般在地下鞭梢生长早期少挖，中期强挖，生长后期则可以全挖。这样不仅有利于促发当年或来年鞭笋的生长，还可培育更多有效鞭段。

3.适当采收竹笋　采挖竹笋应注意不伤笋，保持笋形完整，以利于笋产品保存和销售；挖笋不伤鞭不伤芽，采挖后笋穴要覆土回填，以利竹鞭生长和鞭芽发笋，同时保持其养分传输的作用。

（三）春笋采收技术

毛竹春笋出土5～8厘米为最佳采收期（图3-4）。此时竹笋横向生长达到最大，单个竹笋个体较大，笋肉爽嫩，品质优良。

视频3-2　毛竹林春笋采收技术

图3-4　毛竹春笋最佳采收期为出土5～8厘米

1.**掘土**　就地势将竹笋一侧的土挖开，直到竹笋和竹鞭相连的部位从土中露出。可以看到，竹笋基部逐渐变细，与竹鞭连接，这个联结点为笋柄，俗称"螺丝钉"，大小通常只有几毫米。竹笋（成竹）就是通过这个联结点形成鞭竹相连，鞭出笋成竹，竹养鞭发笋。在掘土时遇到地下鞭的阻隔，可以切断老龄鞭，并尽可能保留壮龄鞭。

2.**断笋**　从竹笋基部接近"螺丝钉"的笋柄处截断，这样可采挖出完整竹笋，并易于保鲜存放。需要特别注意的是挖笋不可伤鞭。如果从笋体其他部位截断，残留笋基留在土中，不仅继续从竹鞭中吸收消耗养分，而且较大切口会形成伤流，耗费鞭竹系统中的养分，影响竹林的发笋成竹。

3.**起笋**　由于竹笋和土壤结合得非常紧密，有些春笋已长有粗壮根系并扎进周围的土壤中，在截断"螺丝钉"后应掌握好起笋力度和方向，保持笋体完整起出来。

4.**覆土回填**　在发笋的中后期，可以在挖笋的笋穴中适当追施肥料。先回表土覆盖竹鞭，再施入肥料，最后覆土回填笋穴。

四、毛竹林竹材采伐

竹林采伐既是择伐竹材利用，也是竹林的抚育措施。通过留笋成竹和竹材采伐，调整竹林密度、立竹大小、竹龄结构和立竹在林地的空间分布，形成合理的竹林群体结构，为竹林丰产奠定基础。

（一）竹材的采伐时间

一般在春笋大年的新竹完全长成后至翌年的清明前进行。其中，春笋大年的6～7月（俗称：砍杨梅红）为调整采伐期。对密度过大的竹林，通过砍杨梅红（伐竹），对过密处进行择伐，腾出林地空间以利新竹的生长。10月至翌年4月初（俗称：砍秋后春前）为竹材主要采伐期。

毛竹材用林竹材可以周年采伐，除春笋大年的出笋期至新竹完全发枝展叶外，其他季节均可伐竹。其中，行鞭期（小年的4～8月）和笋芽分化期（小年的9～10月）则尽量不伐竹。实施毛竹周年采伐，可以按照市场对竹材的需求调整采伐时间，提高竹材价格和经济效益。

毛竹笋用林春笋小年的清明后至翌年新竹完全长成前，则严禁竹材采伐。

（二）采伐目标竹确定

应根据毛竹林定向培育的要求，确定采伐数量和伐竹年龄。通常，度伐竹数量不应超过新竹数量，并伐除林内的风倒竹、病虫竹、畸形竹和弱小竹。伐竹后尽量用打通或砍破伐蔸（竹隔），加快伐蔸的腐烂。

（三）伐竹方式

平茬采伐和带半蔸采伐。平茬采伐，即齐地伐倒立竹。带半蔸采伐，在坡度25°以上的毛竹林，挖开采伐立竹基部沿坡上部的土壤，用斧劈裂近一半竹蔸，后沿下坡位方向推倒竹子，近竹蔸处锯断竹子，竹蔸位用土覆盖。

伐竹后竹梢头放置毛竹林内1周左右，竹叶干枯自然脱落后再移出林外。

五、毛竹林竹笋质量安全生产

竹笋是中国传统佳肴，味香质脆，自古被当作"山珍"。加强竹笋质量安全管理，引导生产者、销售者增强质量安全管理意识，保障"舌尖上的安全"。

毛竹林主要在丘陵山区，许多竹林不施化肥，或施用化肥、农药的时间短、用量少，且少工业污染。因而存在一个很大误区：习惯称竹笋为"天然食品"或"自然食品"，想当然地认为竹笋是无公害甚至有机的农产品。

对浙江食用笋主要产区438个土壤样品的测试发现，汞、砷、铅、镉、铬、铜6个主要污染物的平均含量处于国家土壤环境质量背景值标准规定的安全水平，但按照LY/T 1678—2006《森林食品　产地环境通用要求》中土壤环境质量标准进行判定，6种元素均有超标现象，其中铅（Pb）超标比例达16.0%，其他在0.6%～2.6%。土壤中重金属污染物含量高低，很大程度上取决于当地地质条件，同时，竹林的集约化管理如过量地施用栏肥等，也会导致土壤重金属污染物积累或富集。在这些竹林地进行竹笋生产，竹笋的安全性也必然受到影响。

在生产上要切实加强竹笋质量安全管理，围绕产前"基地选择"、产中"生产技术规范"、产后"分级包装储运"等环节，健全竹笋产品质量安全控制体系。通过建立产地安全监测档案制度，推行生产基地投入品登记建档制度，加强自律管理，做有责任的竹笋生产经营者。特别是，要严格执行农业投入品使用安全间隔期、休药期的规定，防止危及竹笋质量安全；禁止在竹笋生产过程中使用国家明令禁止使用的农业投入品；合理使用化肥、农药等化工产品，防止对生产基地造成污染。

六、毛竹林高效定向培育生产应用案例

浙江省遂昌县为毛竹重点产区，在遂昌县三仁乡等3个乡镇开展的毛竹林高效定向培育技术应用，取得了显著的经济效益、生态效益和社会效益。

（一）毛竹林经营方案

根据区位代表性和类型多样性，通过农户评估和林地调查，制定了以改进施肥管理为主的毛竹林笋竹高效定向培育经营技术方案（表3-3）。

表3-3   毛竹林笋竹定向培育经营技术方案

项　目	生产措施	生态措施	参与／受益对象
1 测土推荐施肥技术	测土推荐施肥的总体方案（表3-4）	（1）有机肥和化肥配合使用；（2）幼叶期施肥，陡坡兔施；（3）减少土壤扰动（如把施肥和采笋、削山等结合）	项目区全体成员
2 竹林立竹结构管理技术 （其他略）	（1）改善竹林年龄结构，逐步达到1度：2度：3度竹为1：1：1或2：2：1；（2）改善留养新竹大小结构；（3）参与式发展竹林结构动态管理技术；（4）支持提高竹林密度	（1）保留适当高的林分密度，减少径流；（2）适量采伐，不全竹利用；（3）保留地被物，增加阔叶树	5%～15%示范户，项目区全体成员

（二）测土推荐施肥实施方案

根据对浙江省遂昌县经营和施肥情况的调查，制定测土推荐施肥实施方案（表3-4），以实现不施肥的毛竹林改进为施肥林地，实施经验施肥的毛竹林改为测土推荐施肥林。

视频3-3   浙西南毛竹林测土推荐施肥实证

表3-4　毛竹林测土推荐施肥实施方案

目　标	现　状	措　施	对　象
\multicolumn{4}{c}{1 不施肥毛竹林改进为施肥林地}			
施肥管理	全县一定面积毛竹林地不施肥	（1）加强肥培知识培训；（2）参观示范户实践，使农户认知竹山既用又养才能长期收益	不施肥户
\multicolumn{4}{c}{2 经验施肥的毛竹林改为测土推荐施肥林}			
施肥区位方法	较为合理，仍需要继续改进，如在禁止撒施方面	推广毛竹林的沟施、穴施技术	全体竹农户
施肥时间	集中在小年8～9月施肥（传统："八月金，九月银"）	主要幼叶期（4～5月）施肥（现代："四月金，五月银"）	全体竹农户
肥料次数	一次性全部施用	一次施肥量分为2～3次施用	全体竹农户
肥料种类和配比	肥料养分和比例不符合毛竹林土壤养分实际	NPK均比复合肥、简单配方复合肥、复混/专用肥，改为按测土配方施肥，有机肥和化肥配合使用	全体竹农户

（三）测土推荐配方的选择

根据对遂昌县竹林土壤养分测试的结果、竹林定向培育目标以及竹林立竹情况，"螯合型笋竹专用肥"（N：P：K＝17：8：5）为基础配方肥，分3个类型用于笋材两用林、材用林、笋用林的配方施肥：

基准配方肥。按照经营类型"对号入座"施肥。其中，基础施肥量材用林为60千克/亩、笋用林为75千克/亩，配合使用有机肥，分4～5月和8～9月两次施用，重点是4～5月。

通用配方肥。根据土壤测试结果，结合经营型配方施肥。对于缺素（磷、氮）的地块，按照基础施肥量增加15%～30%的缺素施肥量施用。

专用配方肥。根据目标产量和土壤养分现状，参考通用配方肥进一步调整肥料种类及其施肥量（表3-5）。

表3-5　遂昌县毛竹笋竹林测土推荐施肥（专用肥）建议卡

农户名_____，地址：　　　　___乡（镇）_____村，电话_____编号_____

	测试项目	测试值	标准值	养分评价	
				偏低	适宜
土壤测试	有机质（克/千克）		>28.60		
	全氮（克/千克）		>1.12		
	碱解氮（毫克/千克）		>150.00		
	有效磷（毫克/千克）		>12.00		
	速效钾（毫克/千克）		>80.00		
	施肥种类	施肥量	时间	方式	配套措施
推荐方案					

责任人（签字）_____　联系电话_____

（四）经营效果评估

浙江省遂昌县通过推广应用毛竹林高效定向培育技术，毛竹林产量和产值都有较大幅度的提高。其中冬笋提高最多，达181.0千克/亩，相应的产值增加180%以上；春笋、竹材产量分别增加66.4%和68.2%，相应产值分别增加81.8%和68.2%。投入产出比从1∶2.3降低到1∶3.0。

第四章
毛竹低效林定向改造技术

一、毛竹低效林的成因与经营对策

毛竹低效林划分为生态低效类和经济低效类。生态低效类竹林是指以发挥生态效益为主要目的，但是由于种种原因达不到可持续发展对生态功能要求的竹林；经济低效类竹林是指以发挥经济效益为主要目的，但达不到各类经济指标的竹林（图4-1）。

毛竹林产量是衡量或评价竹林立地条件和经营水平的最根本指标。追求经济效益最大化是竹林经营者组织生产活动的根本目的。综合产量指标和林地收益指标，将经济低效类竹林分为低产低效型和丰产低效型。低产低效型是指竹林目标产品的产量低，导致林地收益低的毛竹林；丰产低效型指竹林产品虽然产量高，但综合产值、成本和利润指标等分析，林地收益和生产效率低的毛竹林。

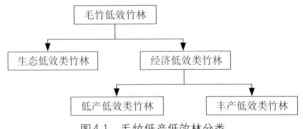

图4-1　毛竹低产低效林分类

根据对浙江省遂昌、龙泉和福建省永安等3个县（市）的1 200余农户调查，构建了毛竹低效林成因问题树（图4-2）。

从毛竹经济低效林成因的问题树可以看出，造成毛竹低效的主要原因包括：一是长期失管、管理粗放或技术不当，甚至处于自生自灭、靠天收获的状态，致使产量低、效益差；二是生产技术及林地基础设施落后，或笋竹产品价格低而生产成本高，致使丰产低效；三是立地限制不适宜开展人工经营的毛竹林。

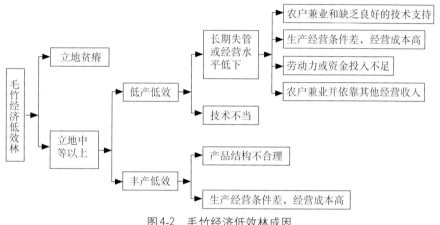

图4-2　毛竹经济低效林成因

对毛竹低效林进行改造，应通过产品结构调整和降低生产成本等措施，增加生产投入，提高经营效益。主要包括：①在提高竹林产量的基础上，通过笋竹产品结构的调整和质量的提高，提升产品价值，增加经济收入。如毛竹所出产的有春笋和冬笋，其中冬笋的产量较低，但价值较大。竹笋采收时，在对竹林生产影响较小条件下，可通过降低春笋产量，尽可能多采收冬笋；通过科学的土壤和水肥管理，并实施绿色生产技术等措施，提高竹笋品质。②降低相对投入，提高绝对产出。从低效型林分向丰产高效定向培育转换，一般经历着低产低效林→笋材两用林→笋用林或材用林定向培育的进程。随着经营集约度的加大，竹林生产力和经营效益逐步提升。竹林的分类经营和定向培育是降低相对投入的重要经营策略。通过实施分类经营，发挥竹林最大自然生产力，提高单位投入的经济产出。生产经营者可通过采取先进的经营技术和管理手段，如优化营林措施，开设竹山便道，改善生产条件等手段，降低竹林经营的相对投入，从而实现竹林经营的效益最大化。

知识拓展 ————————————————————

浙江省毛竹低改项目技术规范（2004）

毛竹低产林：①立竹密度在1 350 株／公顷以下；②竹材4 500千克／（公顷·年）和竹笋1 500千克／（公顷·年）以下；③经济效益在6 000元／（公顷·年）以下；④符合上述条件并适宜改造的竹林等。

改造方案设计：从改造方向（定向培育类型）、技术措施、基础设施、食品安全、环境影响及保护等方面开展。

改造目标：①立竹分布均匀，立竹数达到2 100株／公顷以上；②竹材4 500千克／（公顷·年）和竹笋4 500千克／（公顷·年）以上；③竹龄结构合理，1、2、3度竹的比例应控制在各占1/3左右；④经济效益增幅在50%以上，原则上不低于9 000元／（公顷·年）；⑤有符合竹林经营需要和实际条件的基础设施。

————————————————————

二、毛竹低产低效林改造的主要技术环节

毛竹低效林改造从技术上讲主要解决两个方面的问题：一是根据林分状况和立地条件改善优化竹林结构，更大发挥竹林生产力。二是通过土壤管理，为竹林生长提供良好的生长环境和养分条件。其主要技术环节包括：

（1）**竹林清理**。将竹林中对毛竹生长有妨碍的乔木、灌木等清除掉，适当保留经济价值高或对林地肥力维护效果好的落叶阔叶树，为竹林生长创造一个良好的空间环境。

（2）**劈山抚育**。将竹林内杂草及灌木用割灌机、刀劈或镰刀刈倒，平铺在地面使其自然腐烂，为竹林提供养分。

（3）**深翻垦覆**。对林地实施带垦或块状垦覆，深度在25 ～ 30厘米，将林地中树蔸、伐蔸和老龄鞭挖除，为孕笋长竹创造一个疏松的林地空间。

（4）**适时追肥**。通过施肥补充林地养分，改善土壤养分状况和土

壤质量，提高竹林生产力。

（5）**护笋养竹和合理采伐**。改善竹林立竹结构，提高毛竹林自然生产力，并通过笋竹产品采收，获取经济效益。

（6）**防治病虫害**。通过以上措施，改善竹林环境，调整竹林结构，创造最佳生境，提高肥力，达到增加竹笋材产量，提高经营效益的目的。

知识拓展

技术的相对先进、可见性和适应性

目前，各地开展毛竹低产林改造主要是从技术层面入手，大部分地区推广应用的技术措施依然是20世纪80年代的3项措施，即深翻垦覆、护笋养竹和适当追肥。竹林实施深翻垦覆一般需要每亩12～16工（劳动用工，下同）；护笋养竹则以"禁笋"——禁挖一切竹笋这一简单办法来实现。经过技术改造的毛竹低效林，短期内（2年或更长时间）竹林生产力依然低下、经营效益不高。如，全面深垦的低效林，通常在改造第二年笋竹产量下降，需要到第3～4年以后产量才逐渐上升。随着农村经济发展，农村劳动力已从剩余向紧缺转化，劳动用工的机会成本随之上升，兼业的机会成本可能更高。"深翻垦覆"措施由于技术实施成效的可见性差和劳动力投入成本大而通常受到农户的拒绝（图4-3）。

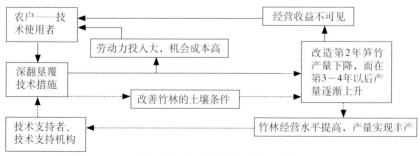

图4-3　农户和技术支持机构的行为过程分析

一项技术的应用就是鲜活的生产实践，对技术的实际使用者来说，对此具有相当的感性体验。因此，根据区域的社会、经济、技术条件设计一整套技术，应注重对技术文化特征的设计，增强选择技术指向的明确性，使之更容易理解和认知。技术的文化特征包括（图4-4）：

图4-4　技术的相对先进、可见性和适应性使之更容易理解和认知

相对先进：即具有显著提高生产经营水平的效能。一项技术措施的制定和应用，应充分吸收乡土知识和生产经验，并以此为基础，体现新技术一定的先进程度（相对先进）。使技术措施与技术使用者原有的价值、过去的经验和现实需求相吻合，技术就容易学习和掌握。

可见性：是指新技术的实施效果（过程中或实施结果）可以被使用者或他人所预见和实现。技术的应用风险和短期内经营效益能否实现，直接影响使用者对技术的选择。使用者越容易预见和实现新技术的效果，就越倾向采用它。

适应性：是否采用并实施新技术受到内外部环境条件限制，在资源条件数量一致的情况下，由于其发展障碍不同，如劳力条件、经济条件和经营便利程度等，技术需求也可能存在差异。在一定社会、经济和技术条件下技术的可操作程度，就决定了新技术能否被吸收和采用并实施。只有具备良好的适应性，才能在一定程度上被吸收和采用。

三、毛竹低产林改造的林地管理技术

毛竹低产林一般经营管理粗放，林内杂灌丛生，林地多年未垦覆，地下鞭壅塞，且多年采伐留下的伐兜，很难腐烂，占据了林地空间。因此，实施林地劈杂垦覆并适当施肥，改善竹林生长的空间环境，提高土壤肥力，是低产林改造的重要技术措施。

视频4-1　毛竹低产林的林地管理技术

1. **林地劈杂**　在毛竹低产林改造初期，每度进行 1 ~ 2 次，采用割灌机等机械手段或人工劈杂抚育（图4-5）。林地劈杂一般在春笋大年幼竹展枝发叶后进行。此时期气温高，湿度大，杂草嫩，易腐烂，肥效高。过早劈山，杂草尚未充分生长，劈下后肥效不高，而且劈后仍会大量萌发；过迟劈山，杂草已种子成熟，劈后不易腐烂，而且来年种子萌发后，林内杂草更多。劈山要做到伐兜留矮，杂草劈尽。在劈山时，应砍除细弱、畸形和病虫害严重危害以及风倒、雪压、断梢的竹子。

图4-5　毛竹低产林劈杂

对山坡竹林的上部或竹山的山顶、山脊部分，应保留阔叶、针叶树，乔木林或灌木林，以形成山顶戴帽式的块状混交或复层经营；竹林边缘应保留混生树木和适量灌木，形成边缘保护带，加强林地生态保护。

2. 深翻垦覆 毛竹低产林林地垦覆的技术关键是"深垦"(图4-6)，即垦覆深度要达到25厘米以上。垦覆一般在春笋大年的8～9月进行。垦覆时将杂草翻埋土内，并深埋跳鞭。垦覆时宜去除老鞭、伐兜、石头等。同时，在劈杂后垦覆前，可撒施化肥（以氮肥为主）并通过垦覆深翻入土。若垦覆深度不够，特别是简单的浅锄，垦覆深度不到15厘米，将由于鞭梢趋松生长，导致竹鞭上浮，不仅不能达到低产改造为丰产的目标，甚至使新发的竹笋、发笋成竹逐年变小，致使毛竹林分退化。对不垦覆的地块进行劈杂，减少杂灌对竹林水分和养分的消耗。割灌的残落物可堆放在林中进行腐解，增加林地养分。

图4-6　毛竹低产林的深翻垦覆

林地垦覆要遵从"渐进"模式，即按照一次30%左右林地面积的比例，采用条带状对林地进行深垦。通过2～3度，即3～5年持续的条带状垦覆，结合竹笋采挖等其他土壤管理措施，完成林地的全面垦覆。采用渐进垦覆不仅可以发挥毛竹林地空间异质条件下的低耗费高收益机制，而且可以降低一次性投入，并使笋竹产量持续稳定上升。

对毛竹低产林不同目标定向改造的林地深翻垦覆技术方案见表4-1。通过结合施肥、挖笋和对树桩、伐蔸的清理等进行林地垦覆，减少竹林垦覆的一次性劳力投入，降低对毛竹鞭根系统的破坏性干扰，稳步地提高竹林生产力。

表4-1 毛竹低效林改造深翻垦覆技术方案

类型	林地管理之一	定向改造类型	林地管理之二
毛竹低效林	劈山抚育。其中，笋用林定向改造为1度2次；笋材两用林为1度1次；材用林初期为1度1次，以后为2度1次	材用林	通过树桩、伐蔸清理进行林地垦覆，部分实行块状垦覆。垦覆强度为1/4～1/5。用6年左右达到全林垦覆
		笋材两用林	带状、块状垦覆和伐蔸清理等垦覆措施，一次垦覆强度1/4
		笋用林	结合施肥进行带状垦覆，垦覆强度1/5；对树桩、伐蔸清理，垦覆强度在1/5左右；结合竹笋采收，林地垦覆强度1/4，合计一度垦覆强度3/5～2/3

知识拓展

对"深翻垦覆"技术措施的反思

毛竹具有强大的地下鞭根系统，新鞭不断产生，老鞭不断衰亡。粗放管理的竹山，地下鞭根交错层叠壅塞，不利于竹林行鞭发笋。毛竹低产林一般通过土壤垦覆等措施进行土壤管理，为竹林生长创造良好的土壤空间。

在生产实践中经常可以听到农户反映，对毛竹林实施全面深翻垦覆后，翌年竹笋产量和新竹数量不升反而下降。究其原因，毛竹为浅根性植物，地下鞭和鞭根密布在中上层土壤，全面性深翻垦覆对鞭根系统造成了较大影响，特别在地下鞭的生长季节，深翻垦覆还使竹鞭损伤或断鞭，并造成大量伤流，部分鞭段成为没有营养来源的断头

鞭，破坏了鞭竹系统的稳定性，进而造成竹林衰退。在恢复性生长的前两年，竹林的冬春笋产量和新竹数量减少。因此，毛竹低产林不一定都要采取全面深翻措施。应针对毛竹林经营实际"对症下药"实施改造。如，垦覆时间上应选择在春笋大年冬季或春笋小年夏季，垦覆方式上可以实施带状、块状垦覆，避免全面深垦对竹林造成破坏性影响。

四、毛竹低产林改造的施肥技术

在毛竹林的长期生产经营过程中，采伐竹材和采挖竹笋从林地带走大量养分，通常只有枝叶等采伐剩余物向林地归还养分，容易造成林地养分亏缺，导致林地生产力下降。通过施肥补充林地养分是提高林地生产力最直接和有效的手段。

肥料组成和用量：以测土推荐配方为基础；在土壤养分中庸的林地，氮磷钾的比例为5∶1∶2，亩用量为60～75千克（以30%有效量计）。

施肥时间：结合林地深翻垦覆的施肥，以垦覆时间为准，一般在春笋大年新竹展枝发叶之后进行；其他的施肥最佳时间，均为春笋小年的幼叶期。

施肥方法：第一次施肥可以结合林地深翻垦覆进行，将肥料撒施在条带状垦覆带上，通过深翻将肥料和劈山的杂草灌木一同埋入土中。也可以采用株穴施配合鱼鳞坑施（笋材两用林定向改造）、沟施法配合鱼鳞坑施（笋用林定向改造）和鱼鳞坑施（材用林定向改造）等方法施肥。

施肥量控制：在林地具体进行施肥时，施肥量可以按如下办法控制。带状垦覆带沟肥法，坡度在20°左右的山地，按照3米间距垦覆，如施肥量为60千克/亩，则长1米垦覆带施肥量为0.50～0.60千克。株穴施法，按照立竹数量计算，如立竹量为120株/亩，施肥量为60千克/亩，则每株穴施肥量为0.50千克。

知识拓展

竹林的施肥方法

（1）**株穴施**（图4-7）。沿毛竹蔸的上坡位置距离竹蔸30厘米左右开沟，沟深15～20厘米，沟宽10～15厘米，沟长以半圆为佳，将肥料施于沟中，加土覆盖。

图4-7　毛竹株穴施法施肥

（2）**沟施**（图4-8）。沿水平带方向开沟，水平带间距2～3米，沟深20厘米，沟宽20厘米，将肥料施于沟中，加土覆盖。

图4-8　毛竹沟施法施肥

（3）鱼鳞坑施（图4-9）。 在林地中依照自然地势开鱼鳞坑，深度为20～25厘米，大小为30厘米见方，鱼鳞坑间距为2～3米。

图4-9 毛竹鱼鳞坑法施肥

（4）伐蔸施（笋穴施）（图4-10）。 结合竹笋采收和竹材伐蔸清理等进行，将肥料施于挖笋的笋穴中或伐蔸中，并加土覆盖。

图4-10 毛竹伐蔸（笋穴）施肥

采用以上方法时，不能将肥料直接施用竹鞭、竹根和竹蔸上，以免造成烂鞭、烂根。

五、毛竹低产林改造的笋竹留养和
采伐技术

　　毛竹低产竹林一般经营管理粗放，立竹密度低，亩均立竹在百株左右甚至更少；小径竹多，大径竹少，老龄竹多，壮龄竹少。实施毛竹低产林改造应"适时""定量"留笋养竹，并通过合理采伐，改善毛竹林立竹结构。而且，竹笋采收可以充分挖掘利用竹林的笋竹资源，提高竹林的经营效益。

视频4-2　毛竹低产林护笋养竹技术

　　1. "适时"留笋养竹　按照"早期疏笋、中期选留、后期挖笋"的方法进行留笋养竹。即按照毛竹林的发笋节律，在发笋盛期5天左右的时间内选留长势旺盛、大小适宜的竹笋；为保证竹株（笋—幼竹）在林中分布相对均匀，林中的空阔地块可通过早期疏笋提前留养；后期笋可全部采挖。特别是对早期笋的采挖利用，市场销售好，竹笋价格高，是提高毛竹低产林改造经济效益的重要手段。毛竹林地的竹笋萌发生长存在非对称性竞争现象，即较早出土或生长势更强的竹笋，优先利用养分利己生长，并抑制较晚出土或生长势较弱的竹笋生长。因此，只要适时采挖和留养，挖笋不伤鞭，毛竹低产林实施挖笋措施是合理而有效的。传统的护笋养竹，甚至全面禁笋，不仅不能充分采挖利用竹笋资源，还将造成大量的退笋退竹，技术和经济上都是不可行的（图4-11）。

　　2. "定量"留笋养竹　留养数量根据原有竹林密度和经营目标确定。对林分密度较低的竹林，一般按照上一度留养株数增长30%左右为目标，逐步提高留养新竹的数量。以原有经营密

图4-11　毛竹林全面禁笋造成的退笋退竹

度为每亩120株为例，改造第一年，留养数量每亩60株左右，退笋率10%～15%，保证50株左右竹笋可成竹。改造第三年（第二度），留养数量可增加至每亩80株左右，保证60～65株竹笋成竹。经过2～3度留养，实现经营立竹度150株/亩至160株/亩的目标。

3. 合理采伐　竹林采伐既是择伐竹材利用，也是竹林的抚育措施。采伐时间，一般在春笋大年的立冬后至翌年的清明前进行；对密度过大的竹林，可以在新竹展枝发叶后（又称杨梅红伐竹），对过密处进行择伐，调整局部林地的立竹数，腾出林地空间以利新竹的生长；春笋生产小年的情况，清明后则严禁竹材采伐。采伐的目标竹，根据定向改造要求，确定采伐数量。按照"砍老留壮、砍小留大、砍密留疏、砍劣留优"的原则实施采伐。对空阔地应保留空膛竹。伐后将伐蔸的竹节打通或劈破，以利加快竹蔸腐烂。

六、毛竹纯林化经营和混交化经营

毛竹纯林化经营在很多毛竹主产区得到推广应用，但纯林化经营被认为是竹林地力退化的重要原因之一。一般认为，毛竹纯林经营虽然在短期内能大幅度地提高竹林生产力和经济效益，但短周期笋竹的强度采伐（采收）、整株利用和施肥、垦覆等频繁地人为干扰，会造成土壤质量和立地生产力不同程度退化。如随着纯林化经营时间增长，土壤容重会增加，土壤孔隙、水分状况恶化，养分因产品输出而流失，竹林生物多样性和生态系统的稳定性也逐渐降低。也有研究表明，集约经营毛竹纯林生产力明显高于混交毛竹林，其林地土壤综合性质也显著好于竹-阔、竹-针混交林。通过施肥、垦覆等技术措施，不断补充林地养分、改善土壤质量就能维持林地生产力。而粗放经营的毛竹纯林通常比同等经营条件下的混交林产出更多的竹笋和竹材，经营上人为踩踏和较少养分补给等，使其土壤综合性质低于竹-阔混交林。因此，经营措施或集约经营程度对不同类型竹林的土壤综合性质影响是不一致的，肯定毛竹混交林的优点，并不能否认毛竹纯林经营的优点。针对毛竹是纯林化经营还是混交林经营，根本的方法就是实行毛竹林分类经营和定向培育，根据经营目的，选择采用是否纯林或混交林经营。

　　毛竹林面积大，很大一部分生长在深山林区，不可能都采取集约经营的管理措施。在经营集约化程度不高的情况下，保持毛竹混交林经营是一种较好维持长期生产力的营林技术措施。通过竹-阔（针）混交增加竹林的生物多样性、增强生态系统的稳定性，促进土壤养分循环，发挥自肥能力，维持土壤地力，提高毛竹生产力。根据竹-阔混交林的生产力、水文效应、土壤性质和物种多样性等综合评价，以阔叶树比例为 20%～30% 的竹-阔混交林综合效益最高。因此，在低产毛竹混交林纯林化改造过程中，保留适当比例的阔叶树；对于地力严重退化的毛竹纯林，则有条件地适当保留林下能自我繁殖的地带性建群种的小树（20株/亩），促进毛竹纯林向混交林方向演替（图4-12）。在交通条件方便的地方，则可以采取纯林集约化经营，以笋用林定向培育为经营目标，通过测土推荐和有机肥、化肥混施，轻耕性的土壤垦覆，优化竹林结构管理和笋竹产品合理采收等措施，维护竹林生态系统的稳定性，充分发挥竹林生产力，实现竹林的经济价值和生态价值的统一。

图4-12　竹-阔混交林

毛竹林下植被是林地养分状况的指示器，林下植被的存在能增加土壤的有机质含量。当林下植被生物量达到 0.25 吨/亩时，对林地的土壤养分就有较好的改良作用。因此，无论是纯林还是混交林经营，可以通过人为创造的较大林窗（林地直径小于 6 米），改善林地的光温水热条件，在林地适当生草栽培，以维护和提高土壤质量（图4-13）。

图4-13　毛竹林生草栽培

七、毛竹大小年竹林经营和花年竹林经营

毛竹传统经营习惯于培养大小年竹林（换叶与不换叶年交替进行）。花年竹林（大小年不分明的竹林）则每年部分换叶，周年没有无叶期。部分地区在开展毛竹低产低效林改造时，选择在春笋小年也留养新竹并逐渐培育形成花年竹林（图4-14）。

花年竹林以年为经营单位，每年都要施肥、垦覆、留笋养竹和采伐老竹，以保持竹林中孕笋竹和换叶竹数量大致相等，相对用工分散、用工量大；大小年分明的竹林以度（2年）为经营单位，相对用工集中、用工量较少。相比而言，花年竹林的产量增长和投入相比，投入大，产出低，经营效益并不高。因此，毛竹林一般以大小年竹林经营

较好。对高经营集约度的笋用林和管理粗放的材用林，则可以采用花年竹林经营，以更大发挥竹林生产力，一般花年竹林经营的产量（2年）比大小年竹林（1度）可增产15%左右。

大小年竹林林相

花年竹林林相

图4-14　毛竹大小年竹林和花年竹林林相

　　毛竹大小年竹林改为花年竹林的主要技术：①强留小年笋、适疏大年笋。立竹量150株/亩以下的春笋小年，除弱、病笋外，全留养竹。大年适当少留，以30～40株/亩为宜。立竹量超过150株/亩以上的，每年应均衡留竹30株/亩，逐步形成立竹均年型的花年竹林。一般以6年为一周期，可以将大小年竹林调整为花年竹林。②加强肥培管理，提高竹林生产力。在春笋大年新竹展枝发叶后及时追肥，增加竹林养分供给；促进春笋小年多发笋，增加小年留养的新竹数量，培育小年竹。③加强抚育管理。及时清除小、老、畸形竹，挖除老竹蔸、老竹鞭，为毛竹生长创造良好环境。花年竹林每年冬季采伐达到竹龄的落叶竹子，不采伐壮年竹和竹叶浓绿的孕笋竹，保持林内孕笋竹和换叶竹数量始终保持均等。

第五章
毛竹材用林定向培育技术

一、毛竹定向培育经营型与材用林经营

毛竹材用林是指把竹材作为主产品进行定向生产的竹林。毛竹林既能生产竹材又能生产竹笋，材用林生产的产品同样包括了竹笋和其他竹林产品。

传统的毛竹林生产将经营管理粗放、竹材产量不高、竹笋产量更是低下或不采挖利用竹笋的毛竹林称为材用林；将竹笋和竹材同时作为主产品生产经营的竹林称为毛竹笋材两用林。实际上，毛竹笋材两用林也是一种对竹笋和竹材进行定向培育的经营类型（图5-1），而传统的所谓材用林应归属于低产低效林。

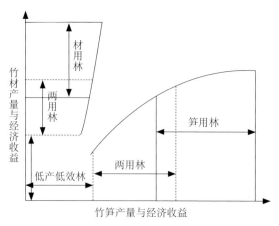

图5-1 毛竹林定向培育类型目标产品产量和经济收益

　　当前，随着劳动力成本的持续上升，竹笋和竹材供给矛盾已不再明显，技术、农资和劳动力等投入的机会成本降低，"竹笋价格高多挖笋、竹材值钱多留笋成竹"的经营思路和生产策略具有一定的局限性，已不符合当前实施毛竹林定向培育并获取最大经济效益的实际。根据区域毛竹林资源和市场需求等实际状况，确定竹笋和竹材经营主目标，制订技术、农资和劳动力投入，是实现毛竹定向培育的关键所在。在生产实践中，根据毛竹林经营目标或主导产品，主要定向培育经营型包括：材用林、笋材两用林和笋用林。通过实施竹材定向培育，优化产品结构，实施竹林产品供给侧结构性调整，提高竹林经营效益。

　　在一定时期内，以获得经济效益最大化为目标的毛竹林经营，必须建立优质、丰产、高生产力水平的竹林结构，通过土壤管理、增施肥料、病虫害防治等技术措施，改善竹林生长条件，为竹林经济产量的提高和产品品质的改善，提供更多的养分和更佳的空间。例如，毛竹材用林定向培育，施肥、垦覆等技术措施强度大，对包括冬笋和春笋实施的竹笋选留、竹笋采收和留笋成竹既是林分结构调整的重要技术手段之一，又通过充分采挖利用竹笋产品，提高了竹林生产经济收入，实现竹林经营效益最大化。根据竹材加工利用对竹材质量和性状的特殊要求，竹林可实施大径竹材、渔用竹材、纸浆竹材等功能型定向培育。

二、毛竹材用林的胸径和密度控制

　　为取得较高的竹材产量，对毛竹材用林的培育是应该选留较大胸径的竹子，还是要强调提高竹林密度，即针对一个现实竹林，是否存在适宜胸径及相应立竹密度，是毛竹材用林定向培育技术的关键。

　　毛竹材用林的竹材产量与立竹密度（竹林密度）和胸径紧密相关。在一定胸径条件和一定密度范围内，立竹密度越大，竹材产量越高。毛竹胸径与重量呈异速生长关系（幂指数关系），例如，对福建永安的调查表明（海拔1 000米竹林），重量（y）和胸径（x）之间的关系可以用$y= 0.0835x^{2.5045}$（$R^2=0.962$）表示。以林分平均胸径8厘米，立竹密度180株/亩，竹龄结构1度：2度：3度 = 2：2：1，作为竹林的竹材产量基数，计算各胸径条件下的立竹密度。结果见表5-1。

表5-1　毛竹林不同胸径与立竹密度下竹材产量

胸径 （厘米）	立竹密度 （株／亩）	最大密度 （株／亩）	度采伐量 （株／亩）	竹材产量 （千克／亩）
8.0	180	300	120	1 831
8.5	155	258	103	1 833
9.0	135	224	90	1 836
9.5	117	195	78	1 830
10.0	104	172	69	1 836
10.5	92	152	61	1 833
11.0	81	134	54	1 829

　　可以看出，在此条件下竹林的竹材产量为1 831千克/亩。随着毛竹林平均胸径的增大，达到同等产量情况，林分的立竹密度迅速下降。其中，平均胸径为10厘米，立竹密度为104株/亩；平均胸径为11厘米，立竹密度更是下降到81株/亩。在毛竹林竹材产量一致的条件下，平均胸径和立竹密度间呈幂指数快速下降（图5-2）。

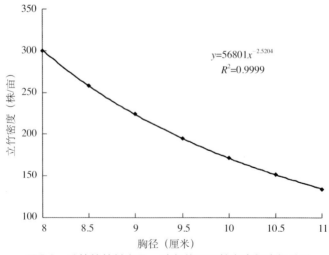

$y=56801x^{-2.5204}$

$R^2=0.9999$

图5-2　毛竹林竹材产量一致条件下立竹密度与胸径关系

（一）竹林适宜胸径的确定

胸径是体现竹子大小最直观和可简易测得的指标。生产上，可以将体现毛竹对所在生境和养分供给能力响应的理论模拟胸径值，作为该区域竹材产量最大化生产的适宜胸径。

研究发现，毛竹胸径与株高（幂函数）、秆重（幂函数）、冠幅（幂函数）、冠高（二次函数）等呈异速生长关系。随着毛竹胸径的增大，竹株的高度和冠幅也变高（宽），冠高则表现为先增长后下降，即当竹子胸径增长到一定大小时，冠高出现下降趋势。根据福建永安、浙江遂昌的调查结果，计算不同立竹冠高最大时的竹子理论模拟的胸径（D值），结果见图5-3、表5-2。

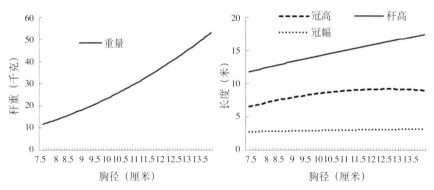

图5-3　毛竹胸径与秆高、秆重、冠高、冠幅的异速生长关系分析（浙江遂昌）

表5-2　毛竹胸径与冠高异速生长分析

区域	D值（厘米）	方　　程	R^2	竹林平均胸径（厘米）	海拔（米）/施肥	备　注
福建永安	12.3	$y=-0.150x^2+3.521x-11.63$	0.428	9.9	1 000	立地条件中庸，西—西北坡，立竹密度在200株/亩左右。竹龄结构为1：1：1。林地经营水平一致，为近年开始施肥管理和竹笋采挖
	12.5	$y=-0.085x^2+2.117x-4.798$	0.477	10.0	800	
	11.6	$y=-0.162x^2+3.757x-12.43$	0.439	9.7	500	

（续）

区域	D值（厘米）	方　程	R^2	竹林平均胸径（厘米）	海拔（米）/施肥	备　注
浙江遂昌	12.1	$y = -0.113x^2 + 2.7343x - 6.879$	0.571	9.8	连续5年未施肥	立地条件中庸，南坡，立竹密度在180株/亩左右。竹龄结构为1：1：1。分布在海拔330～380米
	13.1	$y = -0.0757x^2 + 1.9779x - 3.7941$	0.591	10.6	连续10年施肥	

从表5-2可以看出，分布在浙江遂昌县妙高镇的毛竹笋竹林（海拔320米，南坡，未施肥），胸径－竹冠高的异速生长为二次方程函数，在其胸径分布范围内存在竹冠层高最大值，理论模拟计算值为12.1厘米；而冠幅长度随胸径的变化较小。

海拔分布显著影响胸径－竹冠高的异速生长关系。如福建永安在海拔高度为800米左右时，竹株冠高理论模拟最大值为胸径12.5厘米处，其胸径较其他海拔最大冠高对应的胸径更大（表5-2）。根据对福建武夷山系毛竹标准地调查统计（图5-4），毛竹胸径随海拔（100～1 500

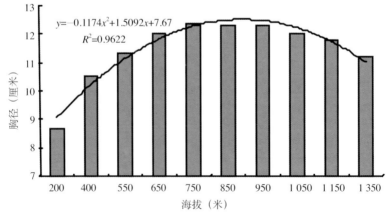

图5-4　福建武夷山系毛竹林平均立竹胸径随海拔的变化曲线

米）的变化，表现为二次曲线变化，即海拔较高或低，毛竹林实际的平均胸径均较小，并以海拔分布为600～1 000米处竹林的平均胸径最大。其结论反映的变化规律与根据胸径－竹冠高异速生长关系计算的理论模拟胸径一致。

施肥对胸径与株高的异速生长关系无显著影响（表5-2）。调查发现，施肥使枝下高变低，叶片数量增加，竹冠层变厚。在遂昌，连续多年施肥管理后，竹林理论模拟胸径值得到提高，施肥林地毛竹林平均胸径达到13.1厘米，比未施肥的林地增长了1厘米。

毛竹光合速率除受叶片光合特征和所处环境条件等因素的影响外，取决于冠层的叶面积及其分布状况。在土壤养分供应丰裕的条件下，毛竹叶片越多，冠层越厚，总光合效能越大，积累的营养物质越多。毛竹冠幅随胸径的变化较为平稳。因此，当竹株的冠高达到最大时，单株叶面积也相应达到较大值。在鞭－竹相连的毛竹林中，光合作用产生的营养物质在整个鞭－竹系统中，通过克隆整合进行再分配，竹林总生物量的生产就越大。根据毛竹胸径－冠高异速生长关系确定的理论模拟最适宜胸径值，体现了毛竹对所在生境光、温、水、气、热等综合气象因子和养分供给能力的响应。因此，可以将一般集约经营下竹林的理论模拟胸径值，作为该区域生物量生产最适宜胸径。即，福建永安在海拔为500米、800米和1 000米的区域，毛竹材用林最适宜的竹林胸径分别为11.6厘米、12.5厘米和12.3厘米。随着施肥等条件的改善，还可以适当提高最适宜胸径值的大小。

（二）毛竹林适宜密度的确定

毛竹林是由不同年龄、不同胸径的竹子构成的异龄林。毛竹林适宜的经营立竹密度，可以根据竹冠与胸径关系建立的最大密度模型来确定。

毛竹林春季出笋并在较短时间内（40～65天）一次完成竹秆生长。竹笋成竹后，竹子的秆高、胸径和枝下高就不再有明显变化。作为大型克隆性植物，在出土成竹的过程中主要受营养供给的限制，竹林通过退笋（竹）现象形成自疏。

在一定立竹密度范围内，竹子枝叶舒展，错落有致，使其枝叶在林内充分伸展，相互穿插，以最大限度地利用竹林空间（图5-5）。

图5-5　毛竹枝叶在林内充分伸展穿插利用空间

　　毛竹竹冠冠幅与胸径、枝下高关系紧密，而受立地条件的影响程度低。毛竹在林地的水平分布并不均匀，竹株因粗细不同冠层也参差不齐，有些集聚在一起，有些则形成林窗。研究发现，毛竹林立竹在小尺度（直径0.2 ~ 0.6米）形成集聚分布，在超过4米的较大尺度上，立竹均呈现为随机分布，而在小于3米的尺度上趋向于均匀分布。受立竹空间分布的影响，竹冠通过选择性放置等行为，对空间状况产生可塑性响应。在斑块状的局部小生境，立竹间距小、数量多，冠高对冠幅和竹冠体积的作用，要大于胸径对冠幅和竹冠体积的作用；随着立竹间距变大、数量降低，生长空间增大，胸径对冠幅和竹冠体积的作用，逐渐大于冠高对冠幅和竹冠体积的作用。即总体上胸径对冠幅、竹冠体积的影响较大；随着立竹之间的间距缩小，冠幅、竹冠体积主要受冠高影响，并且竹株提高枝下高进而降低了竹冠高度。因此，用竹冠体积可以较好代表林冠状态。

　　随着毛竹林的立竹密度提高，竹林内相邻立竹的竹冠开始重叠。在立竹胸径为10厘米左右时，立竹密度为135株/亩的竹林重叠度为8.2%，密度提高到167株/亩时，竹林重叠度增加到18.5%。当密度过大时，立竹个体对空间的竞争激烈形成枯枝落叶的自疏现象，在竹冠中下部形成无叶或少叶区。

竹林经营立竹密度可以根据竹冠与胸径关系建立的最大密度模型来确定。最大密度计算公式：$N_{max} = K \times 667 \times$ 冠高$_{max}$ / 冠体积。其中，N_{max}为每亩竹林的最大密度，K为竹冠重叠度。

根据对浙江遂昌的调查，胸径与冠高：$y = -0.104x^2 + 2.633x - 7.317$，$R^2 = 0.405^*$，冠高$_{max}$ = 9.34米；冠体积为：$y = 4.297x^{0.947}$，$R^2 = 0.402^*$；K值取1.35，可计算各径级的最大密度和竹材产量，见表5-3。

表5-3　毛竹各径级的最大立竹密度和竹材产量（浙江遂昌）

胸径（厘米）	立竹密度（株／亩）	总产量（千克）	度产量（千克）
8	273	4 327	1 731
9	244	4 944	1 978
10	221	5 570	2 228
11	202	6 205	2 482
12	186	6 847	2 739
13	172	7 496	2 999

（三）环境和经营干扰的影响

地形是环境异质性产生的主要原因。地形因子通过对土壤中水、热及养分的再分配，影响竹子的生长发育，其中，毛竹株数变化对坡向较敏感，光照较充足的坡面，毛竹分布较多，而西南坡和东坡相差不大。总体上，自东坡沿南方向过渡到西坡，毛竹株数呈先上升再下降的趋势。

三、毛竹材用林立地类型划分与生产力等级区的划分

立地是指影响竹子生长发育、形态和生理活动的地貌、气候、土壤、水文、生物等各种外部环境条件的总和。构成立地的各个因子即为立地条件。立地类型就是立地条件相近、具有相同生产潜力而不相

连的地段组合划分的一种类型。生产上可以根据毛竹林实际立地类型，确定以竹材产量最大化的立竹胸径（毛竹生长级）及相应的立竹密度，实施毛竹材用林定向培育。

1.立地类型的划分　立地类型划分以对毛竹立地类型区的区划为基础。根据立地条件和生产力指标，毛竹自然分布区可以划分为最适宜区（中心产区）、适宜区、较适宜区3个立地类型区；海拔垂直分布（分布带）则相应划分为最适宜带、适宜带和较适宜带。

在立地类型区内影响毛竹生长的主导因子依次为海拔、坡位和土壤状况。其中，实施毛竹、笋竹定向培育的竹林地一般为中缓坡（<25°）立地，坡度可不作为主导因子考虑。根据主导因子将立地类型区按海拔划分为立地类型亚区，按坡位划分为立地类型组，再按土壤状况划分为立地类型。根据对福建永安、浙江遂昌的调查，按照海拔、坡位和土壤状况，划分毛竹材用林立地类型（表5-4），并根据胸径-冠高异速生长关系推算的理论模拟最大胸径，作为该立地类型的毛竹生长级。

表5-4　毛竹林立地类型与生长级（福建永安，部分）

立地类型区	立地类型亚区	立地类型组	立地类型	毛竹生长级
最适宜区	适宜带：海拔500米	坡位：中下坡	土壤状况：中厚层土层；疏松、肥沃、湿润；壤土-轻黏土	11.6
	最适宜带：海拔800米			12.5
	最适宜带：海拔1 000米			12.3

2.生产力等级区的划分　根据毛竹生产潜力和立地质量可划分为最适宜区、适宜区和较适宜区等3个立地等级。为简化立地类型亚区、立地类型组和立地类型的确定，可根据竹林的海拔分布、坡位和土壤状况划分毛竹林生产力等级区（表5-5），以毛竹生长级代表竹林各生产力等级区达到的生产力，并给出相应的立竹密度（表5-6）。

表5-5　毛竹林生产力等级区的划分要求

生产力等级区	要　　求
I_1	分布带：最适宜带 坡位和土壤状况：山谷台地，山麓缓坡，低山中下坡；中厚层土，肥沃、疏松、湿润；壤土–中壤土
I_2	分布带：适宜带 坡位和土壤状况：低山中坡、高丘山地中部；中层土，肥力中庸、较疏松、湿润；重壤土–轻黏土
I_3	分布带：较适宜带 坡位和土壤状况：低山上坡，高丘山地上部，低丘山脊；中薄层土，肥力一般，紧实、较湿润；轻黏土

注：生产力等级区以分布带为主因子，以坡位和土壤状况为次因子，其中，次因子可以由低至高跨越一级。

表5-6　毛竹生产力等级区与生产级（部分）

项目	适宜程度区								
	最适宜区（Ⅰ）			适宜区（Ⅱ）			较适宜区（Ⅲ）		
生产力等级区	I_1	I_2	I_3	II_1	II_2	II_3	III_1	III_2	III_3
生产级（径级）	13～12	12～11	10	11～10	10～9	9	10～9	8	7
立竹密度（株/亩）	170～180	180～200	200～220	200～220	220～240	240	220～240	270	300

以浙江遂昌的白马山为例，毛竹自然分布在海拔300～1 300米区域，中厚层黄红壤的毛竹林，根据表5-5和表5-6，海拔分布在300～800米，其生产力等级为I_1，毛竹生产级为立竹平均胸径12～13厘米；海拔分布在800～1 000米，生产力等级为II_1，生长级为胸径10～11厘米；海拔分布在1 000米以上，生产力等级为III_1，毛竹生产级为胸径9～10厘米。根据毛竹生产级，确定响应的立竹密度分别为170～180株/亩、200～220株/亩和220～240株/亩。

根据影响毛竹生长力的主导环境因子，直接按环境因子的分级组合来划分并确定毛竹生产级，用以指导生产，简单明了，易于掌握。

四、毛竹材用林的劈山垦覆和施肥管理

（一）劈山垦覆

以竹材定向培育的毛竹林，林分的立竹密度大，郁闭度高，结合适当的竹笋采收等，一般土壤较为疏松透气。毛竹林劈山垦覆可以根据林地实际状况，间隔2～3度（3～5年）实施一次劈山；间隔3～4度（5～7年）实施一次带状（块状）垦覆。

林地劈山除杂。时间一般在杂灌草茂盛、种子未成熟前（7～8月）人工或机械劈山一次，将劈倒的杂灌草铺设于林地培肥土壤。竹林立竹密度大，林内杂灌草少，一般不劈山。应禁用化学除草剂。在劈山除杂灌草时，对毛竹林中的窄冠或珍贵树种可有目的地保留，逐步建立起8竹2树或9竹1树的竹针、竹阔混交林。

林地深垦。每隔5～7年完成对全林的一次垦覆，垦覆深度25厘米以上。垦覆时间一般在新竹抽枝展叶完成后进行，大小年毛竹林垦覆年份选择在发笋成竹年。一般采取带状轮垦或块状垦覆，带宽和带距3～5米。结合垦覆，将肥料撒于林地，垦覆深翻入土。带半苑实施竹材采伐的可免垦（图5-6）。

图5-6　毛竹材用林的劈山去杂和带状垦覆

（二）施肥管理

毛竹材用林实施短周期采伐，竹材产量高并兼或挖笋，收获的竹

材和竹笋将从林地中带走大量的养分元素，施肥是维持毛竹林地生产力的重要技术措施。

毛竹材用林一般采取全年一次性施肥法，施肥时间为小年毛竹林的幼叶期—成叶期（4月底至8月），即毛竹采伐全部结束，新换叶已完全展开后进行。施肥还可以结合毛竹材用林各项技术措施的实施而进行，以节约林地施肥的劳动力投入。施肥方法有沟施、鱼鳞坑施、株穴施、撒施、伐蔸施和笋穴施等。

（1）小年毛竹林的幼叶期—成叶期施肥。采取沟施、鱼鳞坑施或株穴施。其中，沟施和鱼鳞坑的沟（或鱼鳞坑）间距在3.0～3.5米，深度为25厘米左右，宽度为30厘米。可以将沟施、鱼鳞坑施和株穴施结合实施，林地土壤紧实的地块多采用沟施，施肥同时起到深翻垦覆的作用；在林地土壤疏松透气的情况下，采用鱼鳞坑施或株穴施，以节约劳动力投入。每度的施肥量为施氮量6～8千克/亩（相当于尿素15～20千克）、施磷量（P_2O_5）1.5千克/亩（相当于过磷酸钙12千克）、施钾量（K_2O）2.5～3.0千克/亩（相当于氯化钾4～5千克），或选用毛竹专用肥或复合肥等。

（2）其他施肥方法。笋穴施肥，结合对春笋采收在笋穴施肥。伐蔸施肥，结合竹材采伐，用打通或砍破节隔伐蔸，施入以氮肥为主的化肥并加土覆盖伐蔸。笋穴施和伐蔸施的施肥量为150～200克/穴，肥料组成为以氮肥为主适当配合磷钾肥。竹腔施肥，5～6月在立竹竹秆基部10厘米以下处，用电动钻孔机钻孔，用连续注射器注入毛竹增产剂稀释肥液，后用黄心底土封闭针口。

五、毛竹材用林的竹林结构管理

毛竹林竹林结构是竹林生产力的核心。毛竹林地下鞭根系统吸收土壤中养分和水分，竹林的林冠层光合作用利用太阳光制造养分，并通过克隆整合在毛竹林内（克隆系统）进行养分的再分配，从而实现竹林的繁衍更新。毛竹林地上部分通过竹笋采收与留养、竹材采伐等技术措施，培育形成一定的立竹结构；地下部分则通过地下鞭管理，优化地下鞭根系统，为竹林丰产提供基础。

（一）竹笋的采收与留养

毛竹材用林以竹材为主要目标产品，应按照"适当挖冬笋，选挖大年笋、禁挖鞭笋"进行竹笋采挖，并同时按照"留早、留壮、留匀"实施竹笋（新竹）留养。

适当挖冬笋。毛竹冬笋为地下鞭上膨大的芽，翌年春季即可长为春笋。可以在市场冬笋价格较高时期，利用寻找竹笋生长拱起地表开裂的方法（裂缝寻笋），分期多次挖尽浅表冬笋、适当挖中层土的冬笋。

选挖大年笋。在毛竹林春笋发笋期，越早出的竹笋成竹越大越壮。为保证材用林的竹材生长，除浅表的早春笋，因地下鞭入土较浅，竹笋成竹也较小，同时早春笋价格较高，可以及时采挖利用。按照"留早、留壮、留匀"的要求，在出笋高峰期前即选留粗壮的竹笋成竹（图5-7）。

图5-7　毛竹材用林定量留养壮笋成竹

　　因竹笋生长过程存在对养分的非对称性竞争，因此可以选挖过密地块竹笋、并肩笋、生长势弱或虫害冻害的退笋（图5-8）。按照经营目标选留足够数量，则中后期的春笋可以全部采挖。选留竹笋数量一般比经营目标数多选留20％左右，防治后期退笋（竹）而降低新竹数量。

图5-8　毛竹材用林应及时选挖地块过密竹笋、并肩笋

禁挖鞭笋。挖鞭笋形成断鞭，断鞭宜抽发形成多鞭系结构，为有效控制毛竹材用林的笋芽萌发数量，保持其地下鞭为简单鞭系结构，材用林禁挖鞭笋。

（二）竹材采伐

毛竹材用林竹材可以周年采伐，除春笋大年的出笋期至新竹完全发枝展叶外，其他季节均可伐竹。其中，春笋大年的6～7月（砍杨梅红）和10月至翌年4月初（砍秋后春前）为主要采伐期；行鞭期（小年的4～8月）和笋芽分化期（小年的9～10月）则尽量少伐竹。实施毛竹周年采伐，在一个毛竹生理周期（2年）中有16个月可以采伐，延长了采伐期，可以根据市场对竹材的需求灵活调整采伐时间，提高竹材价格和经济效益。

六、毛竹大径竹材定向培育技术

毛竹的秆、枝、叶等器官（构件）之间具有显著的异速生长关系，并随着生长环境的改变表现出一定的可塑性。利用毛竹构件的异速生长和可塑性规律来指导制订生产措施，实施竹林定向培育大径竹材，如胸径12厘米以上，竹秆高达16米（图5-9），满足加工业或渔用等对竹材的特殊需求，以竹材的"提质"增加竹材的经济效益。

大径材定向培育的主要技术为：立地选择、施肥促进、留养择伐。

（1）立地选择。以大径材目标培育对应毛竹生长级的立地类型为基础，根据对秆高等其他要求，进一步确定最适宜区块。研究发现，毛竹胸径大小和竹子高度的异速生长关系在不同海拔存

视频5-1　毛竹功能性竹材定向培育技术

在差异。如，在浙江的西南部毛竹产区，以海拔600米左右的竹子随胸径的增加高度增长最快，也就是在这一海拔下，相同胸径大小的竹子竹秆最高，要显著高于较低海拔（300米）或更高海拔（1 000米）的毛竹林。因此，为培育胸径大、秆高的竹材渔用毛竹，就应选择在中等海拔（600米左右）、土层深厚、水热条件良好的毛竹林作为大径竹材培育的基地。

图5-9　毛竹大径竹材的培育

　　（2）施肥促进。由于竹笋在出土前主要是横向生长，大竹养粗鞭，粗鞭孕大笋（竹），因此，施肥诱导竹鞭下行有利于培育更大的竹笋（竹材）。施肥采用非均一穴施法结合沟施（图5-10），技术要点是深穴施肥，即挖深穴，长80厘米，宽20厘米，穴深要达到30厘米以上，每亩挖取施肥穴90～120个为宜。非均一施肥改善竹鞭生长的同时，持续的营养供给保证了早期笋竹的成活率，间接地促进了竹林胸径的增长。

（3）留养择伐。技术要点为"大笋长大竹，去小留强笋；母大子亦壮，砍小留大竹"。毛竹林的一个发笋周期，早中期的笋大，末期的笋小，因此，培育胸径较大的竹子要及时合理留养早中期竹笋。而从竹子的高度来看，相同胸径大小的竹子，中后期的竹笋成竹更高，要培育同胸径较高的竹子，就应留养中后期的竹笋。毛竹林母竹与新竹（子代分株）间胸径大小为等速生长关系，也就是，具有更大母竹的林分，其新竹的胸径也更大。因此，在保证立竹结构和数量的基础上，竹材采伐时尽量择伐小的竹子，提高竹林整体的胸径大小，孕发大笋成大竹。例如，一片平均胸径在9厘米左右的竹林，调整期第一年主伐8径级的小竹，调整期第三年主伐9径级的竹子。依此方法择伐，毛竹林的新竹平均胸径每度可增长5%左右。到调整期第五年，经营立竹度保持160株/亩左右，林分平均胸径可以达到12厘米以上。

图 5-10　毛竹材用林深穴施肥和深沟施肥

第六章
毛竹笋用林定向培育技术

一、毛竹笋用林定向培育的技术环节

毛竹笋用林是指以竹笋为主要目标产品的一种经营类型。毛竹笋可分为冬笋、春笋和鞭笋，笋用林又可以划分为冬笋型、春笋型和鞭笋型等多种经营类型（图6-1）。在生产实践中，笋用林的概念容易让人误解，凡提"笋用林"就是生产竹笋。事实上，毛竹笋用林生产的产品同样包括竹笋、竹材和其他竹林产品（表6-1）。可以看出，在毛竹冬笋型笋用林培育中，竹笋产值占竹林总产值的80%以上，而竹材的产量与笋材两用林相当，甚至还更高一些。

图6-1　毛竹冬笋型笋用林：收获的喜悦

表6-1　毛竹定向培育笋竹产量和效益构成（浙江遂昌，2017）

产品构成		冬笋型笋用林			一般笋材两用林		
		产量（千克/亩）	经济效益（元/亩）	合计（元/亩）	产量（千克/亩）	经济效益（元/亩）	合计（元/亩）
竹笋	冬笋	125～150	2 000～2 400		40～50	640～800	
	春笋	500～600	800～960	3 600～4 640	400～500	640～800	1 280～1 600
	鞭笋	50～80	800～1 280		—	—	
竹材		1 000～1 200	500～600	500～600	800～1 200	400～600	400～600

　　毛竹笋用林培育关键技术环节见图6-2，可以看出，毛竹笋用林培育是以竹笋安全生产为基础，涉及土壤、水分和竹林结构管理等措施的一整套技术体系。其中，水肥管理和竹林结构管理是竹笋丰产的基础，竹笋合理采收是实现以冬笋、春笋或鞭笋为主要目标产品的重要技术途径。

　　毛竹笋用林的生产是一种集约化经营程度高、劳动力和肥料等农资投入大、笋竹产出和经济效益高的生产经营方式。经营者除了期望取得最大经济效益外，从生计出发，在经营行为上也发生了"以此为生活"到"以此为手段"的改变。因此，降低竹林生产的自然风险是笋用林定向培育的前提条件。如，通过改善灌溉条件实现竹林水分人工管理，应对水分胁迫对竹林秋季笋芽分化和孕笋的限制，改变"靠天吃饭"的自然经营方式。

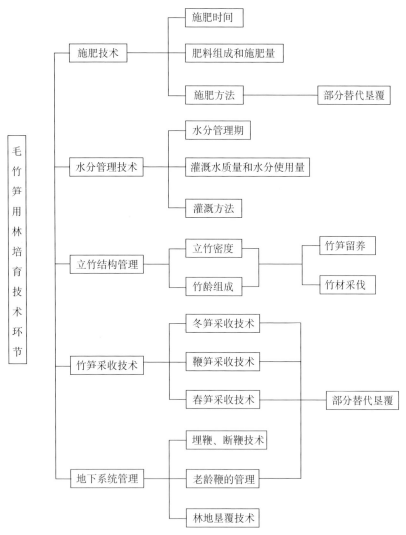

图6-2　毛竹笋用林培育的关键技术环节

二、毛竹笋用林培育基地选择

1. **林地条件**　土壤深度在60厘米以上，疏松、湿润、肥沃、通气排水良好的壤土或沙质壤土，pH在4.5～7.0。地形应选择在山谷平地、坡度平缓（一般小于15°）的阳坡或半阳坡，或地下水位在80厘米以下的平地（台地）。毛竹冬春笋的出笋期受气温制约，发笋期的平均气温高则出笋早。

实施毛竹冬春笋定向培育的基地，选择在低海拔区域的山谷、山麓和山腰地带，可以提早出笋上市，如在浙西南山区，海拔600米以下的毛竹林，比海拔800米以上可以提早冬春笋采收7～15天；反之，选择较高海拔区域可以延迟出笋。在生产实践上，可以根据目标产品的市场定位，如培育早冬笋、早春笋，宜选择低海拔地带；晚春笋价格高的，则可以选择较高海拔地带。

2. **交通便利**　毛竹笋用林经营集约度高，无论是生产原料的供给，或是产品生产、产品销售，都需要有比较便利的交通条件，才能保证竹笋质量，降低劳动生产成本投入。

3. **临近水源**　临近水源或通过灌溉基础设施的建设实施林地灌溉，以便在笋芽分化和孕笋期干旱少雨时，实施人工灌溉。

4. **规模与设施**　要产生一定的经济效益，必须形成一定规模的经营笋用竹林。一般经营区竹林面积不少于30公顷，才能充分发挥道路、灌溉等基础设施的功能，降低生产经营成本。

5. **绿色生产要求**　竹笋作为一种蔬菜，栽培经营应保证其食品卫生质量，因此，毛竹笋用林基地的空气、土壤和灌溉水应符合竹笋绿色生产的要求。按照无公害毛竹笋的生产技术规范，空气环境质量应符合GB 3095中规定的二级标准要求，土壤环境质量应符合GB 15618中规定的二级标准要求，灌溉水应符合GB 5084的规定。

知识拓展

雨后春笋：出自宋·张耒《食笋》"荒林春雨足，新笋迸龙雏"。指春雨以后竹笋长得又多又快。比喻新生事物大量涌现、蓬勃发展。那么"雨后"是指雨水充沛所以长笋，还是雨停了才长笋呢？

毛竹笋在上一年的秋季即开始分化孕育，经冬季低温休眠，春季气温回升到起始温度后（地温13～15℃）开始萌发，并随着有效积温

（积温280℃）的增加迅速生长。温度回升快则出笋快，温度回升慢则出笋也慢。因此，在竹林养分供给适宜的条件下，毛竹春笋出土生长受温度控制。春季连绵阴雨温度低，竹笋生长慢，出土数量少。一旦雨后天晴，温度快速回升，则竹笋生长迅速，出土数量显著增多。因此，"雨后春笋"是指雨水停了气温回升导致竹林大量发笋。生产上，利用竹笋出土受温度（地温）控制的机理，实施冬季林地覆盖有机物，通过有机物发酵增温（地温）和物理保墒的作用，实现覆盖促成"春笋冬出"（图6-3）。

图6-3　毛竹林地有机物覆盖增温春笋冬出

三、毛竹笋用林立竹结构管理技术

1.立竹胸径管理　实施竹笋定向培育应根据市场对竹笋大小等性状的需求，选留或择伐一定大小笋（竹），以保持竹林有适宜的立竹大小，培育高质量的竹笋产品。毛竹胸径大小与竹秆、竹笋、地下鞭呈异速生长关系，即竹子越大竹秆越高，竹冠层在林内越占据上层空间；竹子越大竹笋越大、地下鞭越粗，相应的鞭笋也越大。

　　根据浙江省笋用林定向培育的实践，各类型宜保留的平均胸径为：春笋型笋用林为8～9厘米（以春笋供应市场则平均胸径宜小，春笋加工为清水罐头，竹林平均胸径可偏大）、冬笋型笋用林为9～10厘米、鞭笋型笋用林为10～11厘米。

对毛竹林胸径结构管理不可片面强调"整齐度"，应以林分的经营目标平均胸径为基础，形成一定幅度的胸径分布（3～4个径级），提高毛竹林的光合能力和竹林生产力。根据调查（浙江遂昌），毛竹林平均胸径为9.2厘米的林分，林内胸径为8厘米的竹株，则秆高11.3米，枝下高为3.7米；胸径为11厘米的竹株，则秆高14.6米，枝下高5.5米[根据胸径与秆高、枝下高的异速生长关系（幂函数）计算的理论值]。当毛竹林分形成以胸径为9.2厘米左右的竹子为主，胸径分布范围在8～11厘米范围时，竹林冠层厚可以达到10.9米，较之胸径均为9.2厘米的竹林冠层增长31.6%。在同等立竹度的情况下，林冠层较厚可以更有效利用光能。

2．年龄结构管理 毛竹笋用林年龄结构调整期1度：2度：3度为1：1：1；稳定期1度：2度：3度为2：2：1，或者将3度竹的比例降至更低。

毛竹林留笋成竹后新竹的秆高和粗度不再发生明显变化，但竹秆、枝叶和根系等器官和组织仍处于生长发育过程。根据竹子生理活性和材质变化，一般将不同年龄的竹子划分为4个阶段。

①幼龄竹（1～2龄竹）。竹秆组织逐渐成熟，生理代谢活动旺盛，各组织器官充实生长，如发展根系、更换新叶和干物质积累等。

②壮龄竹（3～5龄竹）。组织器官充实生长基本结束，生理代谢活动最为旺盛，为材质生长增进期，竹子的抽鞭发笋强。

③中龄竹（5～7龄竹）。竹株养分含量和生理代谢强度开始趋于下降，抽鞭发笋能力降低，材质生长进入成熟期。

④老龄竹（8龄以上竹）。生长势减弱，材质生长下降。同时随着竹龄增大，其所连地下鞭的侧芽已大部分萌发出笋或败育而腐烂脱落。因此，在竹秆进入中龄阶段就可以采伐，并通过保留幼壮龄竹和每年留养一定数量的新竹，保持林分具有合理年龄组成的立竹结构。不同年龄毛竹的生长发育进程受林分养分供给能力（克隆整合）的影响。一般养分供给能力越强，壮龄竹数量稳定，幼龄竹株成为壮龄竹的年

龄就越小。因此，随着竹林集约经营程度的提高，毛竹笋用林年龄结构可以更加低龄化。

3.立竹密度管理 毛竹笋用林适宜的立竹密度见表6-2。

毛竹林每年留养新竹，择伐部分中老龄竹，使得竹林立竹密度较为稳定。在一定立竹密度范围内，毛竹林叶面积与林分的光合作用效率呈同步增强趋势，立竹密度越大，竹叶制造的光合产物就越多，地下鞭、蔸、秆等贮藏器官贮藏的物质就越丰富，竹林的出笋数也就越多。当竹林立竹密度过大，留存的母竹密度超过了生境的承载能力，则出笋量显著减少，甚至不出笋，竹冠下层出现枝叶枯死的自然稀疏现象。

表6-2 毛竹笋用林立竹结构管理表

经营类型	立竹密度（株／亩）		胸径（厘米）	竹龄结构（各度竹子比例）
	调整期	稳定期		
春笋型笋用林	140 ~ 160	160 ~ 180	8 ~ 9	调整期：1度：2度：3度为 1：1：1
冬笋型笋用林	120 ~ 140	150 ~ 160	9 ~ 10	稳定期：1度：2度：3度为 2：2：1
鞭笋型笋用林	120 ~ 140	140 ~ 150	10 ~ 11	

毛竹林发笋还受到竹林地下空间、林内光照和地温的影响。调查发现，一个竹蔸及竹根平均占用0.26米^{2}的林地（水平面积）（图6-4），竹蔸（包括留存的伐蔸）数量越大，林地空间越拥塞，地下鞭的延伸生长越困难，导致鞭及鞭芽数量减少，发笋数量下降；立竹密度为100株/亩左右的林地，林内光照强和地温高，出笋时间比190株/亩的竹林要提前10天左右，进而影响到竹笋的经济价值。要扩大林下空间、增加林内透光度及温度，就需要适当地减少立竹数量。因此，对立竹密度的管理，就是调整优化立竹数及其空间分布，使各因子间相互协调，以发挥其目标产品的最佳生产力。

图6-4　毛竹竹蔸（伐蔸）占用林地空间

四、毛竹笋用林地下鞭管理技术

在毛竹林的生产实际中往往看到，经过2～3年的调整期甚或更长时间，林分立竹结构显著改善，垦覆、施肥措施使得竹子的叶色墨绿，生长势旺盛，但是竹笋产量特别是冬笋产量依然很低，其主要原因是地下鞭芽结构还待调整优化。加强地下鞭根系统管理是笋用林培育的关键技术手段。

1. 毛竹笋用林地下鞭特征 调查发现（浙江遂昌），毛竹冬笋型笋用林地下鞭的鞭长为5.21米/米^2，与笋材两用林相当（5.42米/米^2）；但鞭段数（5.32条/米^2）远远大于笋材两用林（3.30条/米^2）。笋用林施肥、垦覆和挖笋时，一般及时清除老龄鞭，扩大了林地空间；同时人为断鞭形成断点，促使断梢附近侧芽萌发为新的竹鞭，进而增加了地下鞭的鞭段数量。当鞭段长度适宜，即具有更多"有效鞭段"时，地下鞭侧芽的萌发能力得以提高。如图6-5所示，笋用林的饱满芽在1～2龄鞭上即大量萌生，3～4龄鞭的笋芽数量达到高峰，只要竹林的养分供应充足就可以萌发出笋，出笋数量多、产量高。反之，虽然有较长鞭段，但饱满芽和笋芽的数量少，即使通过施肥保证了竹林充足的养分供给，竹笋数量也不会增加很多，冬笋的数量和产量就低。

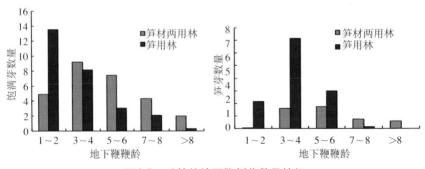

图6-5 毛竹林地下鞭侧芽数量特征

2.**竹鞭清理**　结合林地垦覆、施肥、挖春鞭笋等各项技术措施，挖除老鞭、死鞭、霉鞭和细弱的浅鞭。清理已经腐烂可以挖除的伐蔸。

3.**断鞭处理**　断鞭为一种鞭梢处理方法，是指切断鞭梢控制竹鞭的延伸生长培育有效鞭段，并促发鞭梢断点附近的鞭芽萌发生长新鞭增加鞭段数量。断鞭可结合对鞭笋的采挖利用进行（图6-6）。

图6-6　毛竹断鞭处理

毛竹地下鞭冬季停止生长的鞭梢，除部分死亡外，翌年春季继续延伸生长。毛竹春笋大年的竹林，在新竹展枝发叶后鞭梢进入快速生长期并延续到10月，而后生长速度减缓并逐渐停止。鞭梢（地下鞭）的年生长量可到4～5米。新竹展叶后的6月，地下鞭梢受竹林不同发育期营养物质分配策略的制约，会像退笋一样发生自然稀疏，鞭梢死亡率高，可达30％左右（包括冬季留存鞭梢死亡）。因此，断鞭一般在7～10月进行，10月以后断鞭不易再抽发新鞭，断鞭措施即停止。

毛竹春笋小年的竹林，在竹子换叶结束后鞭梢即迅速进入快速生长期，并一直延续到8～9月的笋芽分化期，而后生长速度减缓并逐渐停止。同样，在8～9月受笋芽分化期营养物质再分配的制约，鞭梢会自然稀疏而死亡（10％左右）。鞭梢的年生长量可达6～7米，特别是通过施肥和垦覆等经营措施，竹鞭生长旺盛更易长为长鞭段。断鞭一般在6～9月进行，9月以后则停止断鞭。

根据竹林地下鞭的结构状况，对幼壮龄鞭所占比例大的竹林，切断鞭梢部分宜短，一般控制在30～35厘米，以迅速增加发笋鞭段；老龄鞭段所占比例大的竹林，断鞭宜长，一般控制在45～50厘米，以促进断点附近鞭芽多萌发新鞭，较快增加幼壮龄鞭的数量。在新老鞭比例适中的情况下，粗壮鞭断鞭要短，细弱鞭断鞭要长，保证新发鞭段具有较强的生长势。

4. 埋鞭处理　地下鞭浮于地表不能深入土中，缩小了吸收营养的面积，造成竹鞭营养不良，笋芽分化减少，而且影响到竹笋单株重量和质量，用埋鞭覆土的方法调整竹鞭分布，促进地下鞭在林地的合理分布。埋鞭方法，埋鞭时先掘宽20厘米的沟，将鞭置于其中，鞭梢向下，而后先覆土8～10厘米，然后踩紧，再将挖起的深土埋上（图6-7）。埋鞭的深度一般以20～25厘米较好。

图6-7　毛竹埋鞭处理

5. 竹林培土　培土是笋用竹林经营的一大特点。一般每度或多年进行一次性培土，时间在春笋小年的9～10月，培土厚度约5厘米。培土后土壤疏松深厚，可以增加地下鞭在土壤中的分布深度，延长竹笋在地下生长的时间，增加竹笋的粗生长和高生长，保持竹笋的鲜嫩。

培土可以结合笋用林地改造进行，如挖取较陡坡地的土壤对林地培土，将笋用林地改造为缓坡或水平阶梯，以增厚土层，便于耕作，并起到保持水土的作用（图6-8）；或结合施肥进行，尤其是施用有机肥后培土覆盖。

图6-8　毛竹笋用林地改造为缓坡或水平阶梯状林地

五、毛竹笋用林施肥技术

（一）毛竹笋用林的施肥时间和肥料组成

视频6-1　毛竹笋用林施肥
时间和肥料组成

毛竹笋用林施肥就是通过有机肥和化肥配合使用施于土壤，保持和提高土壤肥力，提供毛竹生长所需养分。科学施肥是竹林培育丰产、稳产、低成本的重要技术措施。毛竹林的施肥可以根据竹林的"最大营养效率期"和"营养临界期"来确定施肥时间，按照测土推荐施肥的"三肥"原则决定肥料的组成和用量（图6-9）。即"调控施用氮肥"，确保消耗最大的氮肥量；"监控施用磷钾肥"，考虑磷肥、钾肥与氮肥的丰缺平衡和分布的空间变异特征；"配合施用有机肥"，不单一施用化肥，把化肥使用和有机肥施用结合起来。

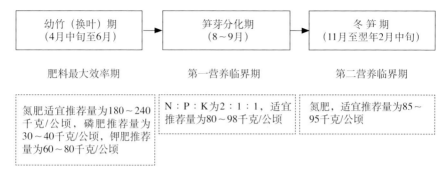

图6-9　毛竹笋用林的施肥时间和肥料组成图

　　最大营养效率期就是养分能发挥其最大增产效能的时期。这个时期毛竹对养分的需要量和吸收量都最大，需肥量最多，是竹林施肥的关键期。毛竹笋用林最大营养效率期为幼叶期（图6-10），也就是春笋小年的4～5月。传统俗称的"八月金九月银"应改为"四月金五月银"。即当全林基本结束换叶，幼叶长至6厘米（长度）左右时开始施肥，肥料用量为度（每两年）施肥总量的60%左右。在土壤养分达到或超过养分指标要求（表6-1）的毛竹林地，推荐的养分配方为N∶P∶K＝6（5）∶1∶2，按照30%有效量计算，每亩施肥量为75千克。幼叶期施肥是竹林最重要的一次施肥。

　　营养临界期施肥。一是笋芽分化肥。春笋小年的成叶期，一般在8～9月。此期，地下鞭芽开始分化孕育为笋芽，即竹林处于笋芽分化期。此时期毛竹对养分需要总量并不大，但对部分营养元素的要求很迫切。因此，以施肥补充笋芽分化所需的磷、钾等元素为主。推荐的养分配方为N∶P∶K＝15∶15∶15，按照45%有效量计算，每亩施肥量为15千克。第二营养临界期为冬笋孕育肥。11月以后，毛竹林叶色由深绿转为褐黄色时，此时地下笋芽膨大，发育为冬笋，可以增施有机肥，提高土壤墒情，促进冬笋孕育生长。

　　春笋大年，在笋期结束后，结合挖笋进行笋穴施肥，及时补充养分，促进幼竹生长和林分恢复。

图6-10　毛竹幼叶期叶片特征

视频6-2　毛竹笋用林施
肥方法

（二）毛竹笋用林的施肥方法

毛竹作为克隆性植物，当林地存在养分资源异质性时，毛竹的鞭根可以对高养分土壤作出反应，出现鞭根特别是吸收根的生物量和活力显著提高的现象。这种对局部丰富资源的趋富特化，一定程度上增强了毛竹对土壤养分资源的吸收利用。因此，毛竹林的施肥方法应利用和发挥地下鞭根的特化分工效应，有效提高竹林生产力并降低施肥的劳动力投入。

最大营养效率期的施肥方法。采用沟施法和穴施法。沟施（图6-11），沿水平带开中沟，深度为20～25厘米，沟宽为25～30厘米，沟与沟的间距在2～2.5米。穴施，在林地中依照自然地势开鱼鳞坑，深度为20～25厘米，大小为30厘米见方，鱼鳞坑间距为 2 ～ 2.5 米。按有机肥、化肥混施的原则，将根据测土推荐的配方肥，均匀撒在沟中或穴中并覆土。

图 6-11　毛竹笋用林沟施和鱼鳞坑施

　　在开沟或挖穴时，遇到竹鞭应回土覆盖，不可将肥料直接撒在竹鞭之上。应用上述施肥法，造成林地中养分空间资源的差异，营养充足的地方，趋富特化而生长发育较多鞭根，以吸收更多营养，并通过克隆整合将养分输送至整个竹林系统加以利用。

营养临界期的施肥方法：8～9月的笋芽分化肥，将肥料均匀撒施在林地并浅垦，垦覆深度为5～10厘米。10～11月的冬笋孕育肥，以有机肥为主，可直接撒施在林地，也可通过挖深穴施入土中。

春笋采挖后期，可以结合春笋采收施用春笋肥，即在挖笋的笋穴中将有机肥、化肥混合施入并覆土回填。

施肥量的控制。在林地具体进行施肥工作，施肥量可以按如下办法控制。沟施法，坡度在20°左右的山地，按照2.0～2.5米间距开沟，那么总的沟长在320米左右。施肥量为60千克/亩，则开设的1米长的水平沟，施肥量为0.18～0.20千克。穴施法，按照每亩开挖的穴数量计算，如穴数为140株/亩，那么每穴施肥量为0.42千克。

六、毛竹笋用林水分管理技术

视频6-3　毛竹笋用林水分
管理技术

俗话说"有没有笋看水，产量高低看肥"，主要是指毛竹笋用林8～9月的笋芽分化期和10月以后孕笋期对水分的需求的重要性。如果该时期土壤干旱缺水，那么翌年竹林的笋竹数量和产量将大大降低。可以说土壤水分是毛竹笋芽分化和孕笋的限制性因子。因此，毛竹笋用林的水分管理主要在笋芽分化期和笋芽膨大期。

1.竹林灌溉系统　可以采用自然水源或提水建池蓄水，然后利用水的自然落差压力进行喷灌。从竹笋安全生产和引水灌溉的经济合理性出发：①水质无污染，符合竹林灌溉对灌溉水的要求。②实施灌溉竹林附近具备水源，通过较简便的引水措施能够到达相应的位置，满足灌溉的需要。在毛竹林地修建蓄水池，在水源充足时，一般1米³的蓄水量可以满足灌溉2亩竹林的要求。根据竹林地的大小，可以对灌溉系统划分轮灌组，使控制灌溉面积与水源的供水量相协调。③用水过滤。对引入的灌溉水用筛网初步过滤或沉淀处理池。蓄水池的水进入管网灌溉前，用80～100目网筛过滤，以滤去泥沙及枯枝落叶等杂质。

2.竹林灌溉技术　以山地黄红壤中壤土的毛竹林为例（下同），在该期连续干旱18～22天，土壤相对含水量在55%以下，就需要进行一次灌溉。

毛竹林灌溉可采用喷灌法（图6-12），喷头的顶部应高出地面

图6-12　毛竹林喷灌法

1.6 ～ 1.8米，这样喷出的水既不致于被较高的上坡阻挡，也不会被下坡方向的竹叶所阻挡。竹林喷灌通常采用旋转式喷头和非全覆盖喷灌方式，即相邻喷头最大间距是各自喷洒半径之和的1.2倍。如，喷头射程为8米时，两喷头间距可为20米；一次灌溉时间为6.5 ～ 7.0 小时，每亩用水量为5 ～ 6吨，灌溉后耕作层（0 ～ 25厘米）土壤相对含水量达到85%以上。在选择喷头时应注意，喷头的喷灌强度不能大于土壤入渗率，以减少地表径流和水土流失。

　　毛竹林灌溉也可以使用沟灌法（图6-13）。在林地顺坡开挖"之"字形灌水沟，灌溉水由进入灌水沟后，在流动的过程中，借土壤毛细管作用从沟底和沟壁向周围渗透而湿润土壤。根据土壤透性能、灌水沟坡度等控制入沟灌溉水的流量，保证水分渗透到中层土壤（土层深25厘米）。利用毛竹鞭根吸收和水分克隆整合，提高水分利用效率。

图6-13　毛竹林沟灌法

七、毛竹林冬笋采收技术

毛竹地下鞭上的芽在秋冬季，一般从10月开始膨大，当单个重量超过三两（150克）时，就可以采挖食用，称之为冬笋（图6-14）。冬笋虽然藏在土中，但在土壤中的分布是有规律的，只要方法得当，也很容易被采挖而成为盘中餐。

视频6-4　毛竹林冬笋采收技术

1. **"裂缝寻笋"** 从10月中旬开始，在孕笋竹株的周围仔细观察，一般冬笋生长拱起导致地表泥块松动或有裂缝，脚踏感到松软的地下，有冬笋的可能性很大。

图6-14　毛竹冬笋采收

2. **"先看竹子后挖鞭，追到十八步边"** 一是看竹子。毛竹冬笋通常孕育在壮龄竹着生的壮鞭上。在竹林中选择3～5龄的壮龄竹，通常孕育冬笋的壮龄竹在竹子最下端的竹枝上，有数片枯黄色竹叶。二是寻竹鞭。竹鞭在地下的生长方向一般与毛竹最下端交互生长的两竹枝呈垂直方向，据此判断竹鞭位置。三是找冬笋。

在壮龄竹去鞭方向，离竹子80～120厘米处（18～25个节）通常有冬笋着生。

3."青鞭笋两头"　一是寻浮鞭。浮鞭又称为跳鞭，在毛竹林地可以看到青色的浮鞭（青鞭），寻找鞭体粗壮，青鞭表面鞭衣（鞭箨）已经基本腐烂，鞭色发亮的壮龄鞭，这样的竹鞭通常孕育着冬笋。二是找冬笋。在青鞭出土往回和青鞭入土向前位置，间距在30厘米左右，特别是青鞭入土向前位置，一般会着生冬笋。

4."断鞭笋回头"　断鞭是垦覆、挖笋等生产经营中切断竹鞭，或竹鞭生长过程鞭梢裂段而成。先找到壮龄的断鞭，鞭体金黄色，上面还留着没有完全腐烂的鞭衣。那么，在断鞭往回追30～50厘米处会长有冬笋。

5."找不到笋，挖笋洞边"　挖笋洞边就是冬笋采收后留下的笋穴。毛竹地下鞭上的竹笋生长过程具有非对称性竞争现象，因此，地下鞭上较早采挖冬笋以后，相邻的较小的冬笋或者笋芽继续萌发，并孕育膨大为冬笋。冬笋采收中后期，在前期采挖的笋穴附近，结合寻找冬笋生长拱起的裂缝，就可以找到冬笋。

6."沿鞭翻笋"　就是在竹林中寻鞭找笋。可以按照来去鞭判断，"下山鞭，鞭长、笋少，上山鞭，鞭短、笋多"或"嫩鞭追后老鞭向前牵"，即幼龄鞭追来鞭方向、老龄鞭追去鞭方向找笋,或"老鞭开叉追新鞭，追到十八步边"，即沿老竹鞭往前找到新发竹鞭，从发鞭起点（鞭柄）到第十八节，一般在80厘米左右有冬笋生长。

冬笋采收应注意的是，挖笋不伤竹鞭、鞭芽和鞭根，更不能挖断竹鞭；同一竹鞭相邻位置可能会长出多个冬笋，可以全挖或挖大留小，促进小笋或笋芽发育成大笋。只要冬笋采挖合理，笋越挖越多。

八、毛竹林鞭笋采收技术

毛竹地下鞭的鞭梢，肥壮、幼嫩部分就是"鞭笋"。

毛竹春笋小年的5月前后（幼叶期），地下鞭开始萌发生长。在毛竹林地，当看到，因鞭梢顶端向上或平展斜伸生长，使表土开裂或表土拱起，有的鞭梢还会露出地面，就可以采挖鞭笋了。

挖鞭笋时，先将表土铲开，然后截取顶端鞭梢，截断位置在鞭箨紧密包被和鞭箨松散的交接处，长度一般在30～40厘米。最后覆土填平笋穴。

大暑前（7月中下旬）露出地面的鞭为"梅鞭"，大暑后露出地面的鞭为"伏鞭"。梅鞭生长期长，鞭粗壮有力，发笋力强。伏鞭生长期短，比较细弱，发笋少。因此，大暑以前的梅鞭一般按照40%～60%的比率采挖，其他梅鞭深埋，以促进鞭体生长；伏鞭笋则可以尽数采挖，采收至10月中旬结束。

视频6-5　毛竹林鞭笋采收技术

采挖鞭笋的断口要平滑，对壮鞭弱挖、弱鞭强挖，不伤鞭、不伤芽，以促进岔鞭萌发。这样，长势旺盛而粗壮的地下鞭采挖以后，在其断点附近的1～7个芽，经过一定时间的孕育生长会再次萌发1～3个岔鞭（新鞭）（图6-15），待岔鞭生长到一定长度后就可以再次挖鞭笋了。在鞭笋期遇干旱少雨，要进行水分灌溉，保持表土湿润，促使多发岔鞭。

图6-15　毛竹林合理鞭笋采挖促发新鞭笋

图书在版编目（CIP）数据

视频图文版毛竹定向培育技术 ／ 金爱武等著. —
北京：中国农业出版社，2019.1（2021.11重印）
ISBN 978-7-109-24986-8

Ⅰ．①视… Ⅱ．①金… Ⅲ．①毛竹－竹林－定向培育
Ⅳ．①S795.7

中国版本图书馆CIP数据核字(2018)第271148号

中国农业出版社出版
（北京市朝阳区麦子店街18号楼）
（邮政编码 100125）
责任编辑 黄 宇 张洪光 李 蕊

北京通州皇家印刷厂印刷 新华书店北京发行所发行
2019年1月第1版 2021年11月北京第6次印刷

开本：880mm×1230mm 1/32 印张：4
字数：110千字
定价：39.80 元
（凡本版图书出现印刷、装订错误，请向出版社发行部调换）